38億年の生命史に学ぶ生存戦略

Learned from Life History

稲垣栄洋
静岡大学教授
植物学者・生物学者

Hidehiro Inagaki

PHP

はじめに

「ビジネスの戦略は生物の戦略と似ている」

それが本書の結論である。

もっとも考えてみれば、それは、何も不思議なことではないのかも知れない。

何しろ人間も、所詮は生物の一種である。そして、経済もビジネスも人間が作り出したものである。その人間たちの営《いとな》みが、生物の営みと似通っているといっても、それは、ごく自然なことだろう。

そのせいか、企業経営者の集まりや、ビジネスの研究会などで講演させていただく機会が増えてきた。

自然界を見れば、さまざまな生き物たちが暮らしている。野に咲く花々や、花に集《つど》う虫たちや、空を舞う鳥たちの姿に、私たちは癒やされたり、のんびりした気持ちになるかも知れない。しかし、自然界というのは、そんなに甘いものではない。

何しろ、自然界は激しい生存競争の場である。

日々、厳しい競争が行われている。競争に勝利したものが生き残り、競争に敗《やぶ》れた者は滅びる。これが、自然界の厳しい節理である。そこには、人間社会のようなルールも道徳もない。とにかく勝った者が生き残る。ただ、それだけだ。生物たちは、日々、そんな競争にさらされている。

そして生物たちは、もうそんな競争を三十八億年もの間、繰り広げてきた。**私たちの目の前にいる植物や生き物たちは、すべて三十八億年の進化の歴史の中で勝ち抜いてきた勝者たちである。この進化の歴史の中で、生き物たちは勝ち抜き、生き抜くための「戦略」を発達させてきた。**そこには、たくさんのチャレンジがあった。さまざまな試行錯誤が行われてきた。ときには、地球の環境を変えてしまうような大きな環境の変化もあった。地球上の生き物の多くを絶滅させてしまうような甚大《じんだい》な天変地異もあった。そして、ある者は滅び、ある者はそれを乗り越えて生き残った。

私たちの目の前にいるのは、そんな勝者たちである。それが、どんなに弱そうに見える生き物でも、どんなにつまらなそうに見える生き物でも、すべて生き抜くための戦略を持っているのだ。そして私たちの目の前には、三十八億年の生物の進化が導き出した成功戦略の「答え」が広がっているのである。

成功事例を学ぶことが、成功の秘訣であるとすれば、「生物の戦略」からビジネス戦略を学ぶことに、何の躊躇《ちゅうちょ》があるだろう。そこには進化の答えがあるのである。

38億年の生命史に学ぶ生存戦略　目次

I 生き物にとって競争とは何か？

II 生き物にとって変化とは何か？

III 生き物たちのオンリー1戦略

Ⅳ

生き物たちの戦略

V 生物進化のイノベーション

装幀　三森健太（JUNGLE）
本文デザイン＆イラスト　宇田川由美子

I

生き物にとって競争とは何か？

ナンバー1戦略とオンリー1戦略

「世界に一つだけの花」（槇原敬之　作詞・作曲）という歌の中に、こんな歌詞がある。

「ナンバー1にならなくてもいい　もともと特別なオンリー1」

この歌詞に対しては、大きく二つの意見がある。

一つ目は、「確かにこの歌のとおりである。それぞれがオンリー1なのだから、それを大切にしたほうが良い」という意見である。

これに対して反対意見もある。

「世の中は競争社会である。オンリー1で良いという甘いことは言わずに、ナンバー1を目指すべきだ」

あなたは、どちらの意見に賛同するだろうか。

ナンバー1を目指すべきなのか、オンリー1を大切にすべきなのか。

じつは、自然界の生き物の世界では、この問いに対する明確な答えがある。

ナンバー1しか生き残れない

「ナンバー1しか生き残れない」

これが、自然界の生物の世界に存在する唯一の真実である。

この真実を示す有名な実験がある。

旧ソ連の生態学者のガウゼは、ゾウリムシとヒメゾウリムシという二種類のゾウリムシを一つの水槽でいっしょに飼う実験を行った。これが「ガウゼの実験」と呼ばれる有名な実験である。

最初のうちは、ゾウリムシもヒメゾウリムシも数を増やしていく。ところがどうだろう。ヒメゾウリムシは数が一定だったのに対して、一方のゾウリムシは数が減り始め、ついには全滅してしまったのである。

水槽という限られた空間の中では、二種類のゾウリムシは、生き残りをかけて激しく競い合う。そして、戦いに勝利した者が生き残り、戦いに敗れた者は滅んでしまうのである。

【 ゾウリムシとヒメゾウリムシの競争 】

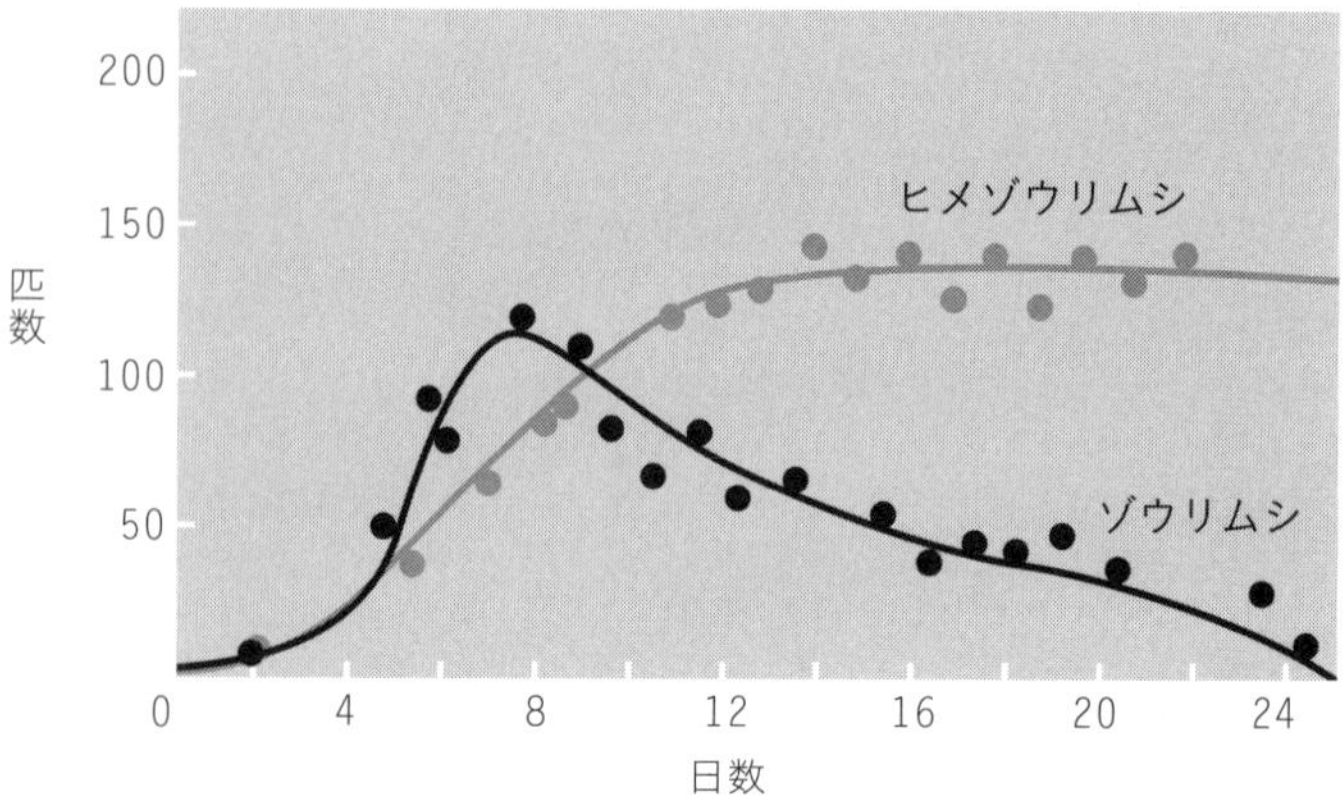

出典：「ガウゼの実験」を参考に

ナンバー1しか生きられない。これが自然界の厳しい掟《おきて》なのである。

水槽がもっと広ければ、共存できるのではないかと思う人もいるかも知れない。エサがもっと豊富にあれば、共存できるのではないかと思うかも知れない。

しかし、水槽が広かったとしても、エサが豊富にあったとしても、ナンバー1しか生き残れないという真実は変わらない。

水槽が広ければ、競争の始まりは遅くなるかも知れないが、やがて、激しい競争が起こる。そして、勝ち残ったヒメゾウリムシが、広い水槽を占有してしまう。

エサが多かったとしても同じである。勝者が独り占めしてしまうだけなのだ。

資源が豊富にあれば、共存できるというも

のでもない。

自然が豊かであれば、たくさんの生物が暮らすことができるということでもない。

企業であっても、それは同じだろう。

利益の高い大きなマーケットがあったとしても、単純にみんなで分かち合うことはできない。何の工夫もなければ、大企業が一人勝ちしてしまうだけのことなのだ。

どうしてさまざまな生き物がいるのか？

「ナンバー1しか生き残れない」

これが真実だとすれば、不思議なことがある。

ナンバー1しか生き残れないとすれば、世界にはただ一つの生物しか生き残れないということになる。

しかし、自然界を見渡せば、ありとあらゆる生き物たちが暮らしている。

どうして、ナンバー1しか生き残れない自然界に、たくさんの生き物がいるのだろうか。

じつは、ガウゼの実験には続きがある。

今度はゾウリムシの種類を変えて、ゾウリムシとミドリゾウリムシという二種類のゾウ

【 ゾウリムシとミドリゾウリムシの共存 】

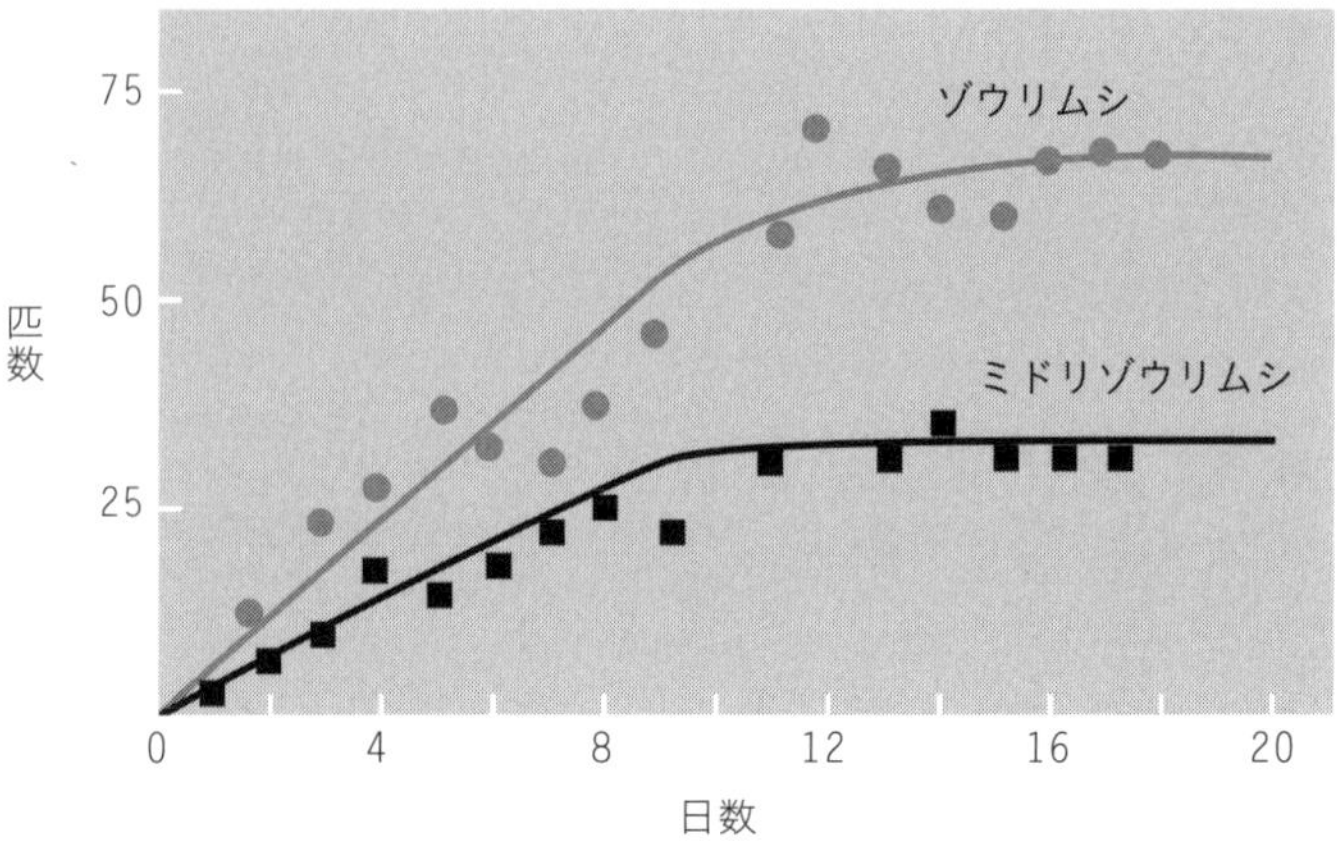

出典：「ガウゼの実験」を参考に

リムシで同じ実験を行ってみた。

するとどうだろう。

驚くことに、二種類のゾウリムシは、どちらも滅ぶことなく、一つの水槽の中で共存したのである。

どうして、このようなことが起こったのだろうか。

じつは、ゾウリムシとミドリゾウリムシは、それぞれ異なる性質を持っていた。

ゾウリムシは、水槽の上のほうにいて、浮いている大腸菌をエサにしている。一方、ミドリゾウリムシは水槽の底のほうにいて、酵母菌をエサにしている。

つまりゾウリムシは、水槽の上でナンバー1であるのに対して、ミドリゾウリムシは水槽の底でナンバー1だったのである。

このように、同じ水槽の中でも、ナンバー1を分け合うことができれば、どちらも生存することができる。

競争を行えば、必ずどちらかが排除され滅びる。これがガウゼの提唱した「競争排除則」である。

すべての生き物がナンバー1である

ナンバー1しか生きられない自然界に、どうしてさまざまな生き物がいるのだろうか。

この答えは明確である。

自然界に生きているすべての生物がナンバー1なのである。

ゾウリムシの実験がそうであったように、すべての生き物はどこかでナンバー1である。

そして、そのナンバー1になれる場所は、それぞれの生き物だけのオンリー1なのである。

ナンバー1が大切なのか、オンリー1が大切なのか。

その答えもまた明確である。

自然界に生きるすべての生物はナンバー1である。

そして同時に、自然界に生きるすべての生物はオンリー1なのである。

すべての生き物は、「ナンバー1になれるオンリー1の場所」を持っている。

このナンバー1になれるオンリー1の場所を、生物学では「ニッチ」と呼んでいる。

ナンバー1になれるオンリー1の場所

ビジネスの世界では、ニッチは「ニッチトップ」や「ニッチマーケティング」という言葉のように、大きなマーケットとマーケットの間の、すき間にある小さなマーケットを意味して使われることが多い。

しかし、**「ニッチ」は、もともとは生物学で使われていた言葉が、マーケティング用語として広まったものである。**

ニッチという意味は、寺院や教会の壁などにある装飾品を飾るための掘り込み式のくぼみを意味する言葉である。しかし、やがてそれが転じて、生物学の分野で「ある生物種が生息する範囲の環境」を指す言葉として使われるようになった。生物学では、ニッチは「生態的地位」と訳されている。

壁にある一つのくぼみには、一つの装飾品しか置けないように、一つのニッチには一つの生物種しか棲《す》むことができない。

そして、生物たちはニッチを巡って激しく争い合うのである。

それぞれのニッチには、そのニッチのナンバー1だけが棲むことを許される。

ニッチを獲得できなかったものは、滅びてゆく。それが自然界の厳しい掟なのである。

こうしたたくさんのニッチによって、自然界は埋め尽くされているのだ。そして、たくさんのナンバー1の生き物たちが生態系を構成しているのである。

競争の本質

生物にとって「競争」とは何か？

何しろナンバー1しか生きられない厳しい世界である。生物の世界では、常に激しい生存競争が繰り広げられている。

負けたら滅びるという競争である。どんな勝者であったとしても、連勝に連勝を重ねて勝ち続けることは容易ではない。

その中で、競争を生き抜くために生物が発達させてきた戦略が「戦わない」という戦略である。厳しい競争を避けることのできない自然界だからこそ、生物はできるだけ戦わない道を選んでいるのである。

有名なマイケル・ポーターの競争戦略では、競争の基本戦略を、①コストパフォーマンスによる競争、②企業の製品やサービスの差別化、③ターゲット、製品、流通、地域をしぼり込んだ集中、に類型化している。マイケル・ポーターは、競争戦略を「ライバルとは違う活動をすること」、あるいは、「同じような活動を違ったやり方で行うこと」であるとしている。

これは生物の世界の競争とまったく同じである。

自然界では激しい競争が繰り広げられているが、常に競争していたのでは、この世に存在することはできない。何しろ、負けたものは存在できないというのが、自然界での生物の競争である。そんな状況の中で、勝ち続けることはできないからだ。

そのため、生物の競争は、相手を打ち負かし討ち滅ぼす戦いではなく、オンリー1を奪い合う戦いである。

隣の生物の戦略を、そのままマネているようでは、とても自然界を勝ち抜くことができない。オンリー1であり続けることが、自然界を生き残る唯一の道なのだ。

「ずらす」という戦略

ゾウリムシを使った先述のガウゼの実験では、二種類のゾウリムシは、水槽の上のほうと水槽の下のほうとでナンバー1を分け合っていた。

同じような現象は自然界でも観察されている。

しかし、多様な生き物たちは、本当にニッチが重ならないように、ナンバー1を分け合っているのだろうか。

アフリカのサバンナには、ライオンやシマウマ、キリンやゾウなど、たくさんの動物が暮らしている。

しかし、本当に生物たちはナンバー1を分け合いながら共存しているのだろうか。

たとえば、アフリカのサバンナでは、たくさんの種類の草食動物が草を食《は》んでいる。限られた「草」というエサ資源を巡って、奪い合ったり、争ったりすることはないのだろうか。

サバンナの草原に暮らすシマウマは地面に生えている草を食べる。これに対して、シマウマと同じ草原にいるキリンは、地面に生える草ではなく、高い木の葉を食べている。

彼らにとって、ニッチはサバンナという単なる場所ではない。場所は同じであっても、性質が異なれば共存することができる。

シマウマは「サバンナで草を食べる」というニッチであり、キリンは「サバンナで木の葉を食べる」というニッチを持っているのである。

シマウマの他にもサバンナには草を食べる草食動物がたくさんいるように思える。しかし、それらの草食動物もしっかりとニッチを分け合っている。

ウマの仲間のシマウマは、草の先端や穂の部分を食べている。これに対して、ウシの仲間のヌーはその下の茎《くき》や葉の部分を食べる。そしてシカの仲間のトムソンガゼルは背丈の低い地面の際《きわ》の草を食べている。こうして、同じサバンナの草食動物も、食べる部分が異なり、ニッチをずらしているのだ。

肉食動物はどうだろう。

サバンナには百獣の王のライオンがいる。チーターは、ライオンが満腹にならないような小型の草食動物を獲物にしている。ヒョウは、樹上の肉食動物という地位を確保している。

他にも例はある。

サバンナには、シロサイとクロサイという二種類のサイがいる。このサイはエサを巡って争うことはないのだろうか。

シロサイは幅広い口をしていて、地面に近い背の低い草を食べている。一方、クロサイはつぼんだ口をしていて、背の高い草を食べている。ゾウリムシがそうであったように、サイもまた、こうしてエサをずらしているのである。

こうして、すべての生物はニッチをずらしながら、自分の居場所を確保しているのである。

競争はなくならない

このように、生物は居場所や生息環境を少しずつずらしながら、共存している。

この現象は、生物学では「棲み分け」と呼ばれている。

自然界の生物が棲み分けをしている「棲み分け理論」は、カゲロウの幼虫が、流れの急なところと流れのなだらかなところで、種類が異なることから発見された現象である。

ダーウィンが、生物が生存競争の結果、進化を遂げるという進化論を展開したのに対して、この棲み分け理論は、当初、生物社会は競争をするのではなく、平和共存をしていると説明していた。

しかし、生物たちは、みんなで仲良くナンバー1を分け合いながら暮らしているわけではない。激しく競争し合い、ニッチを奪い合って、生存競争を繰り広げた。その結果、それぞれがナンバー1になれる居場所を確保したのである。

もちろん、生存競争に敗れて滅んでいった生物も少なくないことだろう。競争の結果、競争していないかに見える世界が築かれていたのである。

最近では生物の棲み分けは、激しい競争の結果として起こっていると考えられている。

生き残りをかけたイス取りゲーム

一つの壁のくぼみには一つの置物しか置けないように、一つのニッチは、一種類の生物しか占《し》めることができない。

ニッチの奪い合いは、まさに生き残りをかけたイス取りゲームだ。

ニッチを奪われれば生き残れない。

その結果、絶滅してしまった類人猿がいる。ギガントピテクスである。

ギガントピテクスは史上最大の類人猿といわれている。ところが、その史上最大と言われた類人猿が忽然《こつぜん》と姿を消してしまったのである。

ギガントピテクスが絶滅した理由についてはよくわかっていない。

【史上最大の類人猿はジャイアントパンダに敗れた？】

しかし、一説にはジャイアントパンダとのニッチ争いに敗れたのではないかともいわれている。ギガントピテクスはその臼歯《きゅうし》の形から草食性であり、タケを主食としていたのではないかとも推察されている。そして、同様にタケを主食とするジャイアントパンダとのニッチ争いに敗れたのではないかと考えられているのである。

もっともジャイアントパンダは、その消化器官の特徴から、もともとは肉食性のクマであったと考えられている。そしておそらくは、他の肉食性のクマにニッチを奪われ、やむにやまれずタケを食べるようになったのだ。

こうしたニッチを巡るイス取りゲームの結果、ギガントピテクスは絶滅してしまったのである。

生物たちの理想と現実

渓流に棲むイワナとヤマメは、どちらも似たような環境に生息しているが、生息域は異なる。どちらも川の上流に棲む魚ではあるが、イワナが最上流部に生息しているのに対して、ヤマメは、イワナの生息域よりも下流で暮らしているのだ。

このようにして、イワナとヤマメは、棲み分けをしている。

しかし、興味深い現象がある。

イワナのいない川では、ヤマメは川の最上流部まで生息範囲を広げる。一方、イワナもヤマメのいない川では、ヤマメが棲むはずの流域まで生息範囲を広げていくのだ。

ヤマメはけっして最上流部に棲めないわけではない。イワナもまた最上流部にしか棲めないわけではない。

イワナは冷たい水を好むため、最上流部ではヤマメよりも有利である。一方、水温の高い下流域ではヤマメのほうがイワナよりも有利である。

こうして、イワナとヤマメは生存範囲を競い合いながら、お互いの得意なところに棲み分けをしているのである。

生物のニッチには「基本ニッチ」と「実現ニッチ」というものが存在する。

基本ニッチは、その生物が本来持っているニッチである。

しかし、ニッチを奪い合うライバルがいれば、ナンバー1になれる場所は限られる。こうして、ライバルとなる生物とニッチを競い合った末に勝ち取ったニッチが実現ニッチである。

イワナについていえば、本来は川の上流部全体がイワナの基本ニッチであるが、ヤマメとニッチを奪い合った結果、最上流部がイワナの実現ニッチとなっている。

一方、ヤマメにとっても川の上流部全体が基本ニッチであるが、最上流部のニッチは、イワナにゆずり、ヤマメは下流のほうを実現ニッチとしているのだ。

生物がニッチを獲得するために重要なことは何だろうか。

基本ニッチについていえば、重要なのは「違い」である。

他の生物とニッチが重ならなければ、そこはその生物のニッチとなる。

しかし、実際にはニッチが重なり合って、基本ニッチを奪いにくるライバルの生物が存在する。そのときに重要なのは「優位性」である。

イワナとヤマメの例でいえば、両種の基本ニッチは重なり合っている。しかし、イワナは冷たい水温に強いという優位性によってニッチを手にすることができた。そして、ヤマメは水温が高いところであれば強いという優位性によってニッチを獲得した。もし、両種が明確な優位性を見いだすことができなかったとすれば、激しくニッチを奪い合い、どちらかの種は滅んでしまったはずである。

強みを活かす

自然界は常に激しい競争にさらされている。ニッチを奪い合う競争に敗れれば、たちまち滅んでしまう。

こうして、多くの生物が競争に敗れて滅び去っていった。

そして、今、残っているすべての生物は「ナンバー1になれるオンリー1の場所」を獲得した勝者たちなのである。

それでは、どのようにして自らのニッチを獲得すればよいのだろうか。

重要なのはポジショニング戦略

生物のニッチの例として有名なものにキューバのアノールトカゲがいる。

アノールトカゲは生息場所によって、さまざまなタイプが存在している。木の高いところには大型の「樹冠巨大型」、木の幹には「幹－樹冠型」、枝には小型の「枝型」、木の下のほうには、「幹－地上型」、そして、木の下の草地には「草地型」が生息している。こうしてナンバー1となるニッチを分け合いながら、樹木のニッチを埋めているのである。

他の生物とニッチをずらしながら、自らのニッチを確保する。

これはビジネスの世界の「ポジショニング戦略」そのものである。

たとえば、電気店でいえば、郊外ではヤマダ電機やコジマが大型店舗を展開している。これに対して利便性の高い駅前には、ビックカメラやヨドバシカメラが立地している。そしてショッピングモールの中にノジマがある。こうして得意を活かしたり、区別性を出しながら、ニッチを分け合っているのである。

これらの大型店に対して、電化製品の修理を請け負ったり、電気工事なども行う街の電気屋というニッチもある。

よく似た形態に見えるファストフードの牛丼屋はどうだろう。

吉野家はメニューを主に牛丼に絞り、男性客をターゲットにしている。これに対して、すき屋は対照的である。メニューも多く、女性客や家族連れも来店していて、ファミリー

【 アノールトカゲのポジショニング戦略 】

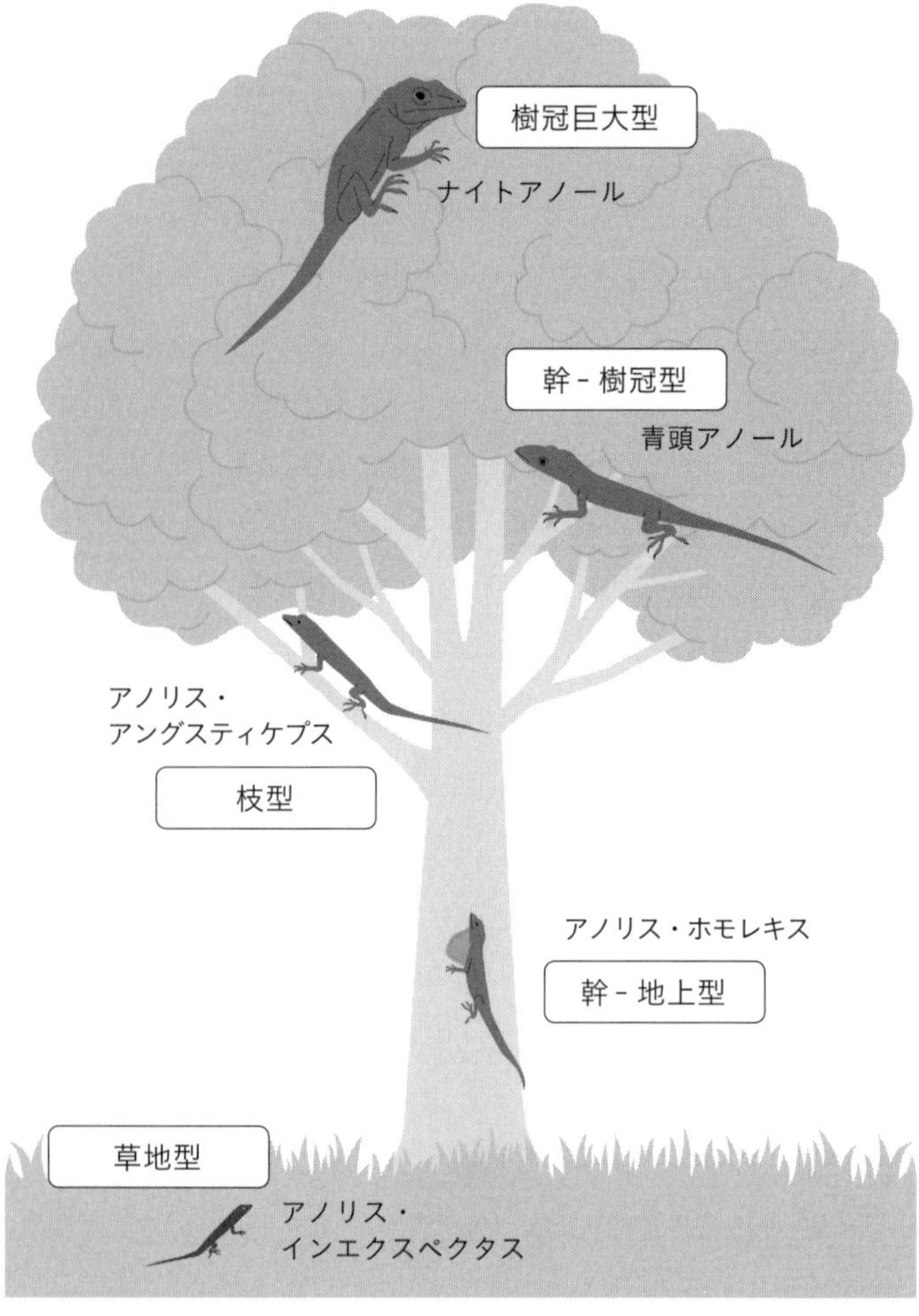

出典：Losos, J. B. 2009[. Lizards in an evolutionary tree: Ecology and adaptive radiation of Anoles. University of California Press, Berkeley] を参考に改変

レストランに近い。それでは、松屋はどうだろう。

松屋は、メニューは多いが、男性客も多い。

ちょうど、吉野屋とすき屋の間に陣取っている。

このように似たような業種でも、しっかりとポジショニングされているのだ。

相手の土俵で戦ってはいけない

どこにポジショニングするのかは、ナンバー1になれるニッチを獲得するために、極めて重要である。ポジショニングを誤れば、激しい競争が待っている。そして、ナンバー1になることができなければ、簡単に滅びてしまうのだ。

特に新規事業を始めるときや、新商品を売り出すときは、ポジショニングで他社と「ずれる」ことが重要となる。

生物の世界であれば、ポジショニングを誤れば、生存は約束されない。

しかし、人間社会のビジネスの世界では、ポジショニングを誤ることはよくあるようだ。

コカ・コーラの例を見てみよう。

かつてコーラといえば、コカ・コーラが一強であった。

これに対してペプシコーラはナンバー1になれるポジションを繰り出してきた。それは、「The Choice of The New Generation（新世代の選択）」である。コカ・コーラはもう古いというのである。

アメリカの人々にとって、コカ・コーラは古き良きアメリカそのものだった。しかし、「新しさ」という軸では、ペプシコーラがナンバー1なのである。

もっとも、実際には、コカ・コーラが作られたのは一八八六年であるのに対して、ペプシコーラは一八九四年だから、どちらも一二〇年以上の歴史を持つ。しかし、人々の中には、コカ・コーラの歴史がある。そこで、ペプシコーラは自らの歴史はうち捨てて、「新しさ」でポジションを獲得したのである。

ペプシコーラの「新しさ」というポジションを奪うべく、コカ・コーラはついに味を変えて新しい「ニュー・コーク」を販売してしまう。その結果、消費者の猛反発を受けて、わずか三カ月で元の味を復活する羽目になってしまったのである。

ペプシコーラと戦うことに夢中になり、知らぬ間に自らの強みを忘れて、相手の土俵で戦ってしまったのである。

そしてニッチは小さくなる

ポジショニングとは「ナンバー1になれるオンリー1の場所」を探す作業でもある。

世界で一番になるのは、簡単ではない。日本で一番になることは、世界で一番になるほどの難しさはないだろう。それでも、日本で一番になるのは大変である。日本でナンバー1になるよりも、地域でナンバー1のほうが目指しやすい。あるいは、町内で一番とか、クラスで一番というように、エリアをしぼり込んで、エリアが小さくなればなるほど、ナンバー1になりやすくなる。

一番、足が速いというのはどうだろう。

陸上競技では誰にも負けないというのは、難しい。だが、短距離なら誰にも負けないとしぼり込めば、ナンバー1を目指しやすくなる。一〇〇メートル走に種目を絞れば、ナンバー1はさらに近づくだろう。一〇〇メートル走の最初の二〇メートルは負けないとすれば、練習のやり方も変わってくるし、さらに、スタートダッシュは負けないとしぼり込むこともできる。

これを組み合わせて、「スタートの最初の一歩は、クラスで一番速い」とすれば、ナンバー

1になるチャンスは増えるだろう。

生物のニッチは、すき間という意味はないから、大きいニッチもあれば、小さいニッチもある。しかし、ナンバー1になるためには、ニッチは小さいほうがいい。

一時的に大きいニッチを手に入れたとしても、そのすべてでナンバー1であり続けることは簡単ではない。そのため、生物のニッチは細分化されて小さくなる。

ニッチを探すことは、空白にジグソーパズルのピースを当てはめる作業にも似ている。**ニッチを欲張ってはいけない。大きなピースをはめ込むことは難しいが、小さなピースであれば、はめ込むチャンスが生まれるのである。**

こうして、ニッチはどんどん小さくなっていくのである。そして、ニッチが小さくなることによって、たくさんの生物がナンバー1を分け合うことができるようになるのである。

コアをずらし続ける

ニッチを確保したとしても、永遠にナンバー1であり続けられるわけではない。すべての生物が生息範囲を広げようとしているから、ニッチが重なるときもある。あるいは、新たな生物がニッチを侵《おか》してくるかも知れない。

一つのニッチには、一つの生き物しか生存することができない。そこでは、さぞかし激しい競争や争いが繰り広げられることだろうと思うが、必ずしもそうではない。

生物の世界では、負けるということは、この世の中から消滅することを意味する。

「当たって砕けろ」とか、「逃げずに戦え」とか、「絶対に負けられない戦いがある」などと、人間が威勢のいいことを言えるのは、人間が負けても大丈夫な環境にいるからだ。

生物の生存競争は、負けたらすべてが終わりだ。

絶対に負けられない戦いがあるとすれば、できれば「戦いたくない」というのが本音だ。

しかも、勝者は生き残るといっても、戦いが激しければ勝者にもダメージはある。あるいは、戦いにばかりエネルギーを費やしていると、環境の変化など降りかかる逆境を克服するエネルギーまで奪われてしまう。

そのため、できる限り「戦わない」というのが、生物の戦略の一つになる。

とはいえ、大切なニッチを譲り渡して逃げてばかりもいられない。どこかで、ナンバー1でなければ、生き残ることはできないのだ。

そこで生物は、自分のコアなニッチを軸足にして、近い環境や条件でナンバー1になる場所を探していく。つまり、「ずらす」のである。この「ずらす戦略」は「ニッチシフト」と呼ばれている。

ビジネス用語を使って言えば、「コア・コンピタンスの周辺で新しい事業ドメインを探す」という言い方になるのだろうか。

勝ち続けることは難しい、しかし、ずらし続けることはできる。

ナンバー1になれる場所は、常に自分の強みの周辺にある。

生き残るためには、「ずらす戦略」を徹底することが必要なのだ。

日本企業のニッチシフト

ナンバー1でなければ生きられない自然界で、生物はナンバー1になれるニッチを軸足にしながら、常に新たなニッチに挑戦していく。軸で直立しているコマが、軸をずらしていくように、軸を保ちながら、軸をずらしていくのだ。これが生物のニッチシフトである。

企業も同じだろう。

どんなに優れた技術や強みを持っていたとしても、長い歴史の中で、時代も環境も変化していくのだから、そのままであり続けることは難しい。

かといって、時代の波に乗って、まったく別のことを始めるのではリスクがありすぎる。

自分の強みを見失うことなく、その強みを活かしながら、新たな分野に挑戦していくのだ。

日本の自動車産業も、昔から自動車を作っていたわけではない。

明治の時代、日本の工業は繊維業だった。トヨタ自動車やスズキ自動車は、もともとは織物機械の会社である。織物機械の技術を自動車に応用したのである。

あるいは、オートバイのヤマハ発動機は、もともとはヤマハ楽器だった。木材からピアノを作っていたが、木材資源が限られていたことから、ピアノの増産は困難と判断し、戦時中に行ったプロペラ製造の技術を活かしてオートバイの製造に乗り出したのである。それが現在のヤマハ発動機である。ヤマハ発動機は、オートバイメーカーとしては後発だったが、後発らしい独創的なアイデアで、開発を進めていったのである。

思い出されるのは、「唯一生き残ることができるのは、変化できる者である」という進化学者ダーウィンの有名な言葉だ。

強さとは違うことである

どのようにしてニッチシフトを図れば良いのだろうか。

何を変えてはいけないのか、何を変えるべきか、を明確にすることが、まずは不可欠だろう。

とはいえ、「変えてはいけないもの」と「変えるべきもの」を、間違わずに選択することは簡単ではない。そして、「変えてはいけないもの」と「変えるべきもの」を、もし間違えるようなことになれば、たちまち絶滅してしまうかも知れない。

こうあるべきという常識や、周りのライバルに惑わされることなく、軸にすべき自らの強みを見いだすことが必要である。

ダチョウは陸上を速く走ることが、強みである。陸上では最強の鳥である。

しかし、「鳥は飛ぶべきである」という常識にとらわれたり、空を飛ぶ鳥をわずかでもうらやましく思ったら、ダチョウはたちまち、世界で一番ダメな鳥になってしまうことだろう。

ニッチとは、ナンバー1になれるオンリー1の場所のことである。

つまり、ニッチとは「違い」である。生物にとっては「違うこと」こそが、強さなのだ。

ダンゴムシはつまらない生き物に見える。ダンゴムシにオンリー1の強みがあるとは思えない。しかし、ダンゴムシが地球上に存在しているということは、ダンゴムシにはダンゴムシの強みがあるはずである。

オンリー1の強みとは、華々しいものであるとは限らない。誰もが目を見張るものであるとも限らない。当たり前のように思えるものの中に、じつはオンリー1の強みがある可能性もあるだろう。

企業であれば当たり前のようにこなしてきた仕事の中に、オンリー1の技術があるかも知れない。あるいは、つまらないもののように思ってきたものの中に、オンリー1の強みがあるかも知れないのである。

それでも、「変えてはいけないもの」を見つけられないこともあるだろう。

企業には「社訓」や「企業理念」というものがある。普段は、気にすることがないかも知れないが、そこには、「変えてはいけない軸」があるかも知れない。

変えるものと変えないもの

人気のリゾート施設「スパリゾートハワイアンズ」は、もともとは石炭を採掘する炭鉱だった。しかし、石炭から石油へとエネルギーの転換が計られる中で、炭鉱は閉山の危機に陥《おちい》っていた。そこで、地下から湧き出る温泉を利用して、ハワイをイメージした温泉施設「常磐ハワイアンセンター(現在のスパリゾートハワイアンズ)」を立ち上げるのである。

温泉は、石炭を掘るときには、採掘を妨げる邪魔な存在でしかなかった。その邪魔なものを逆利用したのである。炭鉱から観光へ、そして邪魔な存在だった温泉を活用するという大きな変化を実現し、まったく反対の方向転換をしたのである。

それでは、「スパリゾートハワイアンズ」が変えなかったものは何だろう。

観光リゾートという、まったく新しい業種にチャレンジするにもかかわらず、彼らは都会からプロを呼ぶことをしなかった。炭鉱に従事していた労働者や、その家族が主体となって経営を始めたのである。その基となったのが、山深い炭鉱で、従業員だけでなく、家族も大切にし、みんなで力を合わせる「一山一家」という精神であった。

慣れない仕事で、トラブルも少なくなかったが、彼らは「一山一家」で乗り切った。そして、都会のリゾート施設にはない、雰囲気のあるオンリー1の場所ができあがったのである。

企業にとってオンリー1の強みとは、技術かも知れないし、ノウハウかも知れない。しかし、本当の軸は、企業の存在価値にあるかも知れないのである。

生き残るためのポジショニング

ビジネスの世界では、ナンバー1を目指すのは強者の戦略であり、オンリー1を目指すのは弱者の戦略というイメージもある。

しかし、生物の世界では、ナンバー1になれるオンリー1の場所を探すことにある。オンリー1を目指すことは、ナンバー1になる近道でもあるだろう。

そして、オンリー1になるための効果的な方法が「ずらすこと」にある。

ビジネスの世界でも、競合商品との「棲み分け」や他社との「棲み分け」という言葉が用いられる。棲み分けで必要なことは、ポジショニングである。

一九八五年に伊藤園から緑茶飲料が発売されて以来、緑茶飲料市場では、激しいポジショニング争いが繰り広げられている。

市場のナンバー1を占めるのは、緑茶市場を開拓した伊藤園の「お～いお茶」である。数々の新商品が、「お～いお茶」に敗れて市場を去って行った。

「お～いお茶」は誰からも愛される人気の商品であるが、「緑茶」を好んで飲んでいたのは、年齢層の高い男性であった。

そこで、緑茶を好んで飲む男性層を避けるように、女性をターゲットにしたのが二〇〇〇年にキリンビバレッジから販売された「生茶」である。

こうして、男性は「お～いお茶」、女性は「生茶」という棲み分けがなされた。

これですべてのニッチが埋められたように思えた。そこに登場したのが、二〇〇四年に販売されたサントリーの「伊右衛門《いえもん》」である。

「伊右衛門」は二十~三十代の若い男性をターゲットにした。

「お~いお茶」は幅広い層から人気を得ているため、若い男性にターゲットをしぼり込むことができない。一方の「生茶」は女性にターゲットをしぼっているため、男性層に手を広げることができない。埋められたかに見えたニッチの手薄なところを狙って「伊右衛門」は見事に、ナンバー1になれるオンリー1の場所を見いだしたのである。

「生茶」は女性向けに販売された商品ではあるが、もともと男性に人気の緑茶市場の中では男性にも人気で、「女性らしさ」が際立っていたわけではなかった。美容と健康を前面に出した「爽健美茶《そうけんびちゃ》」などのブレンド茶との競争を常に強《し》いられる。

やがて、苦戦を強いられた「生茶」は、大幅なモデルチェンジを行い「青々としたすっきりさ」のイメージを押し出した新「生茶」を二〇一六年に販売する。すると、新しい商品が引き金となって、各メーカーともに緑茶ドリンク商品は新たなポジショニング争いを繰り広げるのである。

他の商品との関係によってポジショニングは変化していくのだ。

まるでアノールトカゲが、一本の木の中で、さまざまなポジションを争いながら棲み分

けているように、同じように見える緑茶ドリンクも、戦略的にポジショニングを占めながら、棲み分けているのである。

事業が勝ち残る条件

「ナンバー1しか、生き残ることができない」

生物の世界の鉄則は、ビジネスの世界でも指摘されることだ。

有名なのは、「二十世紀最高の経営者」にも選ばれたゼネラル・エレクトリック社のCEOジャック・ウェルチの「ナンバー1、ナンバー2戦略」だろう。ゼネラル・エレクトリックは発明王トーマス・エジソンの電気会社をルーツに持つ歴史ある企業である。電機事業だけでなく、航空機エンジンや医療機器、家庭用電化製品から金融業まで、幅広い分野でビジネスを展開する複合巨大企業である。

しかし、かつてはさらに多くの分野を持ち、さまざまな部門を有していた。

そして、会社の経営が困難になった際に、ジャック・ウェルチは「ナンバー1かナンバー2の事業だけで勝負をする」ことを決定したのである。

大規模なリストラや人員削減を行った彼の改革は批判も多いが、「ナンバー1になれそうなところで勝負する」という考え方は、生物の世界と同じである。

「勝ち残る事業」とは何か。

彼の選定の基準は三つである。

1. 市場でナンバー1かナンバー2になれるもの。
2. 他社と差をつける優秀な技術を持っている。
3. ニッチ市場で優位性を発揮できる。

まさに生物の世界と同じではないか。

ビジネス戦略と生物の戦略

世間ではさまざまなビジネス戦略が提唱されている。

しかし、それらの戦略には共通点がある。

たとえば、P・F・ドラッカーは、「何事かを成し遂げられるのは強みによってである」

と言っている。そして、「勝てないところで勝負してはならない」「強みを明らかにし、強みに集中せよ」「その強さをさらに伸ばせ」「弱みを改善することに時間を使うな」と指摘しているのである。ドラッカーは、この強みを「コア・コンピタンス」と呼び、強みを発揮できる場所を、「事業ドメイン」と呼んだ。**事業ドメインは、生物にとっては「まさにナンバー1になるオンリー1」のニッチであるといえるだろう。**

マイケル・ポーターは、競争に勝ち抜くための『競争の戦略』（ダイヤモンド社）を著《あらわ》したが、その基本戦略は「コスト・リーダーシップ」「差別化」「集中」であった。この「差別化」と「集中」は、まさに生物のニッチ戦略である。特にポーターは経営資源が劣《おと》る場合には、競合のいない市場にしぼり込んで、自社の強みに集中する集中戦略の重要性を述べている。

一方、マーケティングの研究者であるフィリップ・コトラーは競合するものを明確化し、競合を避けながら、差別化を図るポジショニング戦略を提唱した。ポジショニング戦略は、生物のニッチ戦略そのものである。

企業戦略においても、マーケティング戦略においても、重要なことは「強みを活かして差別化する」と「強みに集中する」の二点であろう。

まさに、生物の戦略そのままではないか。
真理は一つということなのだろう。

もっとも、ビジネスの世界と生物の世界が同じだからといって、何も驚くことではない。人間も生物の一種である。人間が行う経済活動も、宇宙人から見れば、地球上の生物の営《いとな》みに過ぎないのだ。

そして、生物は三十八億年に及ぶ生存競争を繰り広げてきた。そして、ある者は滅び、勝ち残った者だけが生き残ってきたのである。

現在の地球の生態系は、そうした勝者たちによって作られている。

それに比べれば、私たちの暮らす現代社会のビジネスの競争は、ずっと歴史も短いし、その競争の厳しさもずっと緩やかなのだろう。

ビジネス戦略が生物の戦略と同じということは、考えてみれば、当たり前のことなのだ。

誰もが弱者である

ビジネスの世界でよく用いられる戦略に「ランチェスター戦略」がある。

ランチェスター戦略は、もともとはイギリスのF・W・ランチェスターが第一次大戦のときに提唱した「戦闘の法則」である。

その後、日本ではビジネス戦略として体系化された。

ランチェスター戦略は強者の戦略と、弱者の戦略とに分けることができる。

弱者の戦略の基本は「差別化」である。まともに戦ったら負けてしまうに決まっているのだから、弱者は強者とは異なる戦い方をしなければならないのである。

さらに弱者には「一点集中主義」が求められる。広範囲な戦いでは強者に勝つことはできない。兵力を集中することで、部分的に勝者を上回ることができるのである。

これに対して強者の戦略は「ミート戦略」と呼ばれている。これは、弱者との差をなくし同質化していく戦略である。弱者と強者の差がなくなれば、弱者と強者の力の差がはっきりと勝敗に出るからである。

そして強者は、局地戦ではなくできるだけ広範囲の総力戦に持ち込みたい。そして、力の差を見せつけるのである。

さて、あなたは強者の戦略を選ぶだろうか。それとも弱者の戦略を選ぶだろうか。

ランチェスター戦略のいう強者とは、市場シェア一位の企業のことをいう。そして、二位以下の企業が弱者なのである。しかも、一位と二位を争っているようでは、強者とはいえない。二位との間に圧倒的な差がなければ強者とはいえないのだ。

そんな強者の企業など、どれほどあるだろう。

あるいは、圧倒的一位の分野があったとしても、すべての分野がそうであることは難しい。そのため、ランチェスター戦略では、誰もが強者と思う大企業でも強者の戦略だけでなく、弱者の戦略も組み合わせている。

つまり、誰もが弱者なのだ。

じつは、生物の世界も同じである。

ナンバー1でなければ生き残れないという厳しい自然界で、圧倒的な強者となるような生物はいない。そのため、生物もほとんどが弱者の戦略を選んでいる。

弱者の戦略とは何か。それはランチェスターの戦略と同じ「差別化」と「一点集中」である。

生き物の選択と集中

これまで見てきたように、生き物たちは、ナンバー1になれるオンリー1のニッチを獲得している。そして、ニッチを獲得するためには、強みに集中する戦略が必要となる。

ニッチはナンバー1になれる場所であるから、小さいすき間である必要はない。大きいニッチもあれば、小さいニッチもある。

しかし、広範囲でナンバー1になるのは大変である。そのため、ナンバー1を確実なものにするためには、「しぼり込む」必要がある。

ニッチは小さいほうが有利である。あれもこれもと広げるよりも、しぼり込んだほうが、ナンバー1になりやすいのである。

スターバックスを見てみよう。

一九七一年に創業したとき、スターバックスは「スターバックス・コーヒー・ティー・アンド・スパイス」という名前だった。紅茶もスパイスも売っていたのである。

もし、コーヒーにしぼり込まなければ、今やコーヒーのジャンルの一つである「シアトルコーヒー」もなかったかもしれない。

また、売り上げ至上主義で経営が悪化したときには、「一杯のコーヒー」にしぼり込んだ。そして、コーヒーの香りを邪魔してしまうとともに、短時間で食べるファストフードのイメージが強いホットドッグなどの軽食をなくしたのである。

ロゴに至っては、現在では、コーヒーという文字さえない。

だが、緑色のシンボルカラーとセイレーンと呼ばれる女神の姿を見れば、誰もがコーヒーを思い浮かべる。

もちろん、スターバックスはコーヒーだけではない。しかし、コーヒーというナンバー1があって、他の商品のブランド化ができるのだ。


「うどん県」を自称する県もある。

香川県は、「香川県は、『うどん県』に改名いたしました」というPR動画を作成した。

これは思い切ったしぼり込みである。確かに香川県はさぬきうどんが有名ではあるが、行政機関というものは、常に公平性が求められる。香川県にだって蕎麦屋もあれば、ラーメン屋もある。それなのに、うどんにしぼり込んだのである。

こうして、香川県はナンバー1になるオンリー1の知名度を手にした。そして、「うどん県」の名が定着したとき、香川県は次にこんなPRをするのである。「うどん県。それだけじゃない香川県」。


何でもありますは、何もないのと同じなのである。

進化とは捨てることである

何かを得るということは、何かを捨てることである。

ウマの祖先であるエオヒップスは前肢に四本、後肢に三本の指がある。

しかし、速く走るために、中央の一本の指だけを発達させて、他の指は退化させてしまった。指一本であれば、物をつかむこともできなければ、木に登ることもできない。しかし、草原を速く走るために、蹄《ひづめ》を発達させたのである。

ダチョウは飛ぶことができない。その代わり、ダチョウは草原を速く走ることができる。力強い足で肉食動物を蹴散らすことができる。もしダチョウが飛ぶ鳥をうらやましいと思ったとしたら、空を飛べるような進化を望んだとしたら、どうだろう。その強みを発揮することはできないだろう。それどころか、空でも陸でも中途半端な存在となり、すぐに滅んでしまったことだろう。

もっとも優れた例はヘビだ。ヘビはもともと地中生活しやすいように、手と足をなくしたといわれている。ヘビは世界で成功している爬虫類である。手と足を捨ててシンプルな形にしたことで、ヘビは大きさも生息地もさまざまなオンリー1の存在に進化をしたのである。

全国展開するようなファミリーレストランでは、「何でもあります」が強みになる。しかし、小さな街のレストランで同じことをしても勝てない。地域で頑張っているレストランは、カレー専門店やパスタ専門店のような専門店だったり、餃子が人気とか、あんパンが看板メニューといったような、強みのしぼり込みをしている場合が多い。

静岡県のローカルレストランとして有名な「炭焼きレストラン　さわやか」は県外からの観光客で常に行列のできている人気店であるが、看板メニューは「げんこつハンバーグ」である。

「選択と集中」は正しいか？

「しぼり込む」ということはナンバー1になるための要素である。

コアな事業や勝てる分野にしぼり込むことは、ナンバー1になるために重要な作業である。

ビジネスの場面でも、「選択と集中」はよく言われるワードだ。

しかし、しぼり込むために、選択と集中を行い、その他のものを捨ててしまうことは、正しいことなのだろうか。

ナンバー1で勝てるところにしぼり込んだから、安心ということにはならない。

なぜなら、時代は移り、状況は常に変化していくからである。

ナンバー1を獲得したからといって、ずっとそのままナンバー1でいられるという保証はどこにもないのだ。

自然界では強い者が生き残るのではなく、生き残ったものこそが勝者である。勝者であるためには、「変化」というものを無視することができないのだ。

「選択と集中」は大事だが、変化に対応するためには、「しぼり込むこと」のリスクもある。

生物は、移り変わる変化をどうとらえているのか。

これについては次の章で見ていくことにしよう。

生物にとって「強さ」とは何か？

「強者の戦略」とか「弱者の戦略」というが、そもそも何をもって強者というのだろう。

生き残るものが勝者であるとすれば、この世に生きるすべての生物が勝者である。ナンバー1しか生きられないのが自然界の鉄則だとすれば、すべての生物がナンバー1である。

生物の世界では、強いとか、弱いとかいう尺度は、私たちが思うほど単純ではない。

たとえば、自然界は「弱肉強食」といわれる。

強い者が生き残り、弱い者は滅びてゆく。本当にそうだろうか。

「弱肉強食」というけれど、実際には食べる獲物がなくなってしまえば、強者は飢えてしまう。しばらくは共食いして生きながらえることができるかも知れないが、やがては滅んでしまうことだろう。

実際に現在、ライオンやトラ、オオカミやコンドルなど強そうに見える生き物は、どれも絶滅が心配される絶滅危惧種になっている。

一方で、私たちの周りを見回せば、どう見ても強そうにない生き物があふれている。弱そうに見える生き物がはびこっていたとする。

弱そうに見える生き物も、つまらなく見える生き物も、すべてナンバー1の勝者である。

生物にとって、強さとはいったい何なのだろうか？

強い者が生き残るわけではないし、弱い者が滅びるとはいえないのだ。

ニッチは埋め尽くされている

ナンバー1になる方法は、いくらでもある。ナンバー1になれるオンリー1のニッチを探せばいい。

じつは、そうはいっても、「ニッチ」は無限にあるわけではない。

さまざまな生物が、ニッチを求めれば、ニッチは埋め尽くされてしまうのだ。

前述したように、一つのニッチは一つの生き物しか占めることができないから、まるでイス取りゲームのようなものだ。一つのイスには一つの生物しか座ることができないから、あらゆる生物が常にイスを奪い合っている。

それでは、新たなニッチというものはあるのだろうか。

残念ながら、長い生物の歴史の中で、地球上のほとんどのニッチがすでに埋められている。

オーストラリアの事例を見てみよう。

オーストラリアでは哺乳類はカンガルーの仲間の有袋類《ゆうたいるい》しか存在しなかった。そして、他の哺乳類との競争もなく、有袋類が進化を遂げたのである。

その結果、どうなっただろうか。

オーストラリア大陸でも、他の大陸と似たような進化が起こったのである。

他の大陸では、シカなどが占めている大型草食動物のニッチを埋めるようにカンガルーが進化した。ネズミのニッチにはフクロネズミが、モモンガのニッチにはフクロモモンガが進化した。そして、オオカミのような肉食獣のニッチにもフクロオオカミが進化した。さらに、モグラのような独特なニッチにさえフクロモグラが進化を遂げた。そして、特異的に思えるナマケモノのニッチにさえ、コアラが進化したのである。

その結果、有袋類しかいなかったにもかかわらず、他の大陸のさまざまな生物と同じように多様な生物が進化している。

まさに、イス取りゲームのように、すべてのニッチは、速《すみ》やかに埋められていく。そのため、生物の多様な自然界では、空白は残されていないのだ。

もし、新たなニッチを手に入れようとすれば、結局、競争して他の生物からニッチを奪い取るしかない。やはり競争と戦いが必要になってしまう。

しかし、このイス取りゲームに新たなイスが置かれることがある。埋め尽くされたニッチに新たなニッチを見いだすチャンスがあるのだ。

新たなニッチを生み出すものとは何だろう。

【 ニッチを埋める有袋類 】

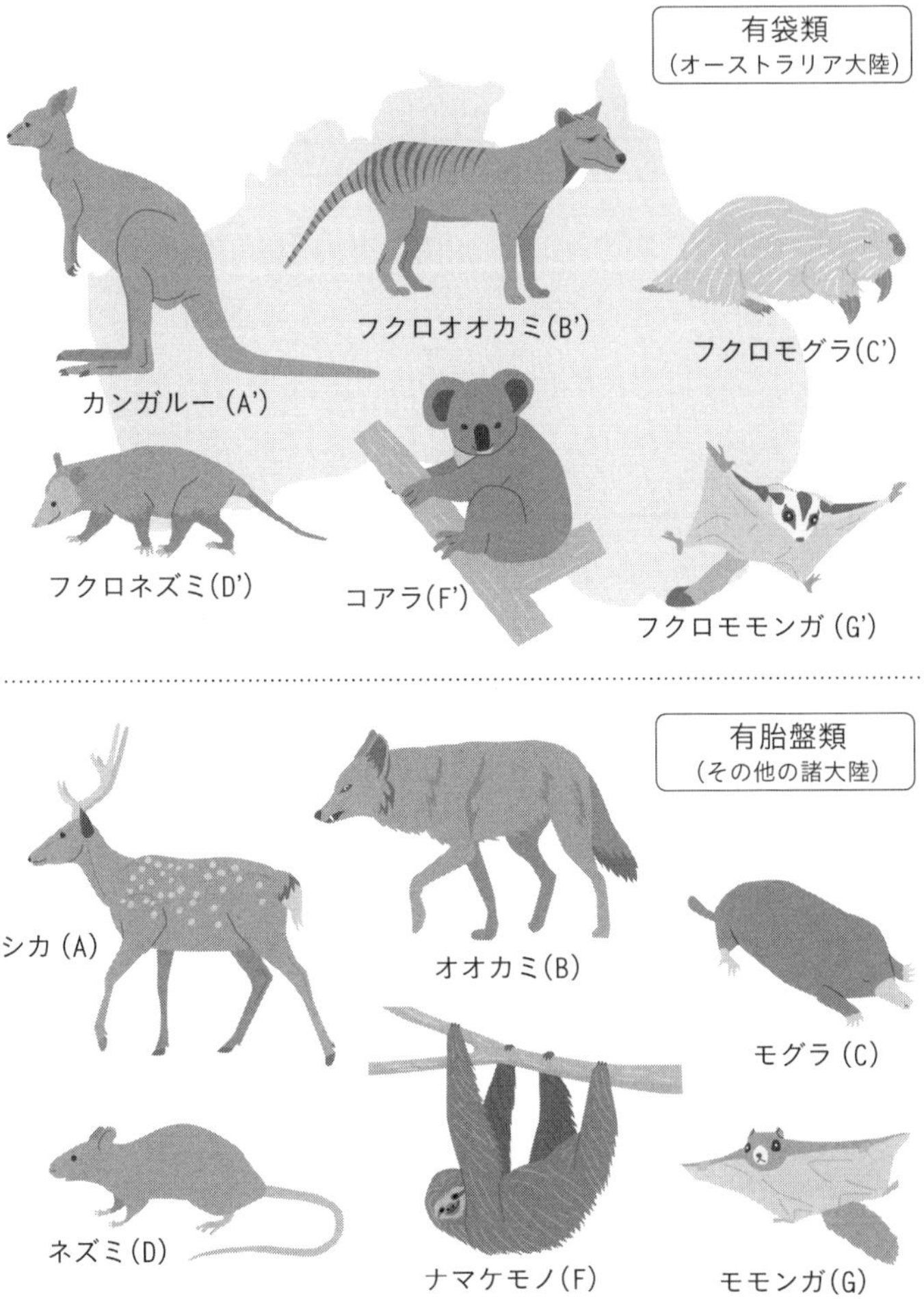

出典：ベイカーとアレン 1977 年を参考に改変

それこそが、変化である。

生物にとって、住み慣れた環境が変化するということは恐ろしいことである。しかし、変化こそが、埋め尽くされたニッチに新たなニッチを生み出す最大のチャンスなのである。

Ⅱ

生き物にとって変化とは何か？

多くの種が共存できる理由

自然界は、ナンバー1しか生き残ることができない。

生き残るためには、ナンバー1になるためのオンリー1の場所が必要となる。

それは真理である。

しかし、自然界を見渡せばあまりにも多くの生物にあふれている。

たとえば、野原を見れば、さまざまな種類の草花が咲いている。それらの草花は、どれもがオンリー1のナンバー1を分け合っているのだろうか。そうだとすれば、どうして隣どうしで違う種類の花が咲いていたりするのだろう。

じつは、同じようなニッチにも複数の生物が存在する現象が見られる。

たとえば、植物はどうだろう。

植物にとって重要な資源は、光と水と窒素やリンなどの土の中の栄養分である。これは、どの植物も共通である。

植物は、光と水と栄養分という共通の資源を巡って争いになりやすい。

もちろん、生息地や季節によって棲み分けることはできるが、動けない植物が限られたエリアに密集すれば、必ず競争は起こる。

それなのに、野原にはたくさんの草花が花を咲かせ、森にはたくさんの木々が茂っている。

どうして、このような現象が起こるのか、残念ながら、そのメカニズムの詳細は明らかにはされていない。しかし、一つの要因が関係しているといわれている。

その要因こそが、「変化」である。


環境は常に安定しているわけではない。

平衡状態にある環境に変化が起これば、ナンバー1になれる条件もまた変化する。

変化が起こる場所では、チャンスが増える。

特に、ナンバー1以外の弱者にとっては、ニッチの変化はチャンスなのである。


偶然によって起こることもある。

たとえば、野原の中に変化が起こると、ニッチが空白となる。

ニッチが重なるような植物が、安定した条件下で勝ち負けを作るとすれば、どちらかが生き残り、どちらかが滅びる。しかし、環境が不規則に変化し続けたとすれば、どちらが勝つかは偶然性に左右される要素が大きくなる。こうなると、優劣はつけられず、どちらの植物も野原のどこかで咲くことができるのである。

野原にたくさんの草花が咲くのはそのためであると説明されている。

変化はチャンスは本当か？

本当に、「変化」のあるところに「チャンス」があるのだろうか。

一九七八年にアメリカの生態学者コネルは海洋生物の数と環境の変化との関係を調査した。

このグラフの横軸は、攪乱《かくらん》の程度、つまり変化の大きさを表している。

一方、縦軸はその環境で生息する生き物の種数を表している。

図の右側の部分を見てみよう。

グラフの右側では、変化が大きくなるほど、生物の種数は少なくなる。たとえば、人間が環境破壊を引き起こすと、生物は絶滅の危機に瀕《ひん》する。

グラフが右へいけばいくほど、つまり変化が大きくなればなるほど、生息できる生き物の数は少なくなる。これは、よくわかる現象である。変化が大きすぎると、生物は変化に

【 中程度攪乱仮説の予測を指示するデータ 】

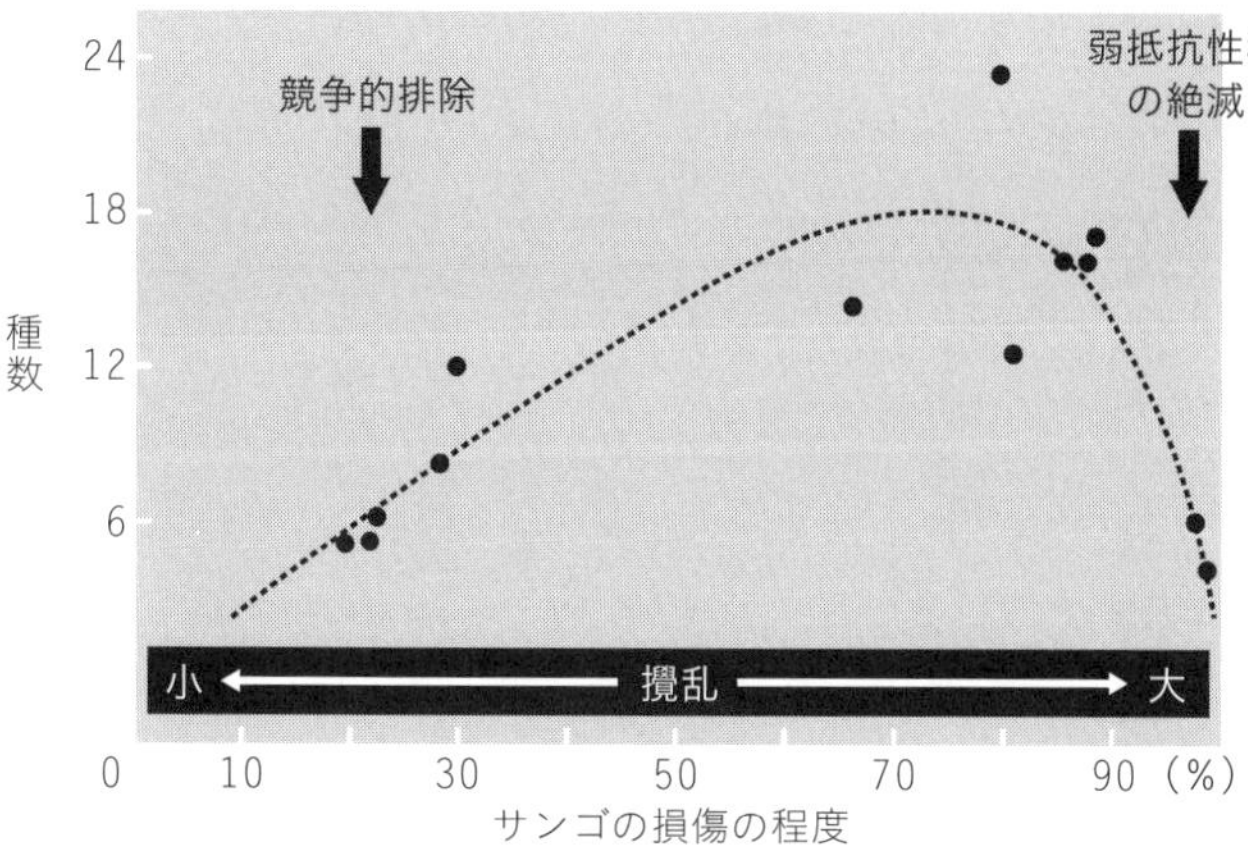

出典：Connel, 1979 より改図

対応できなくなってしまうのである。

それでは、左側の部分はどうだろう。

図の左側の部分を見ると、変化が小さくなっても、やはり生息できる生物の種類は少なくなる。

環境に適応している生物にとって、環境が変化するということは望ましいことではないように思える。変化がないほうが、生物の生存にとっては平穏な環境のはずである。それなのに、変化がない環境でも、生存できる生物の種数が減ってしまうのだ。

変化がない安定した環境では、生物どうしの激しい競争が起こる。そして、強い者が生き残り、弱い者は滅びていく。そのため、結果的に、生息できる生物の数は減ってしまうのである。

一方、ある程度、変化がある条件では、必ずしも強い者が勝つとは限らない。攪乱によって環境が変化し、さまざまな環境が生まれる。このような複雑な環境がたくさんのニッチを生み、厳しい競争社会では生存できないような、多くの種類の弱い生物が生存の場を得ることができるのである。そのため、攪乱があるほうが、生息できる生物の種類は増えるのである。

つまり、この図は、**安定した環境よりも、変化のある不安定な環境のほうが、多くの弱者にとってチャンスがあることを示しているのである。**

これが「中程度攪乱仮説」と呼ばれるものである。

強すぎず、弱すぎずという中程度の変化が起こることは、多くの生物にとってチャンスを増やすのである。

進化の袋小路

インドネシアにバビルサというイノシシがいる。

イノシシは、下のあごから上向きにキバが生えているが、このイノシシはずいぶんと変わっていて、下あごだけでなく、上あごにもキバがある。このキバは上あごから上向きに

【 進化の袋小路にあるバビルサのキバ 】

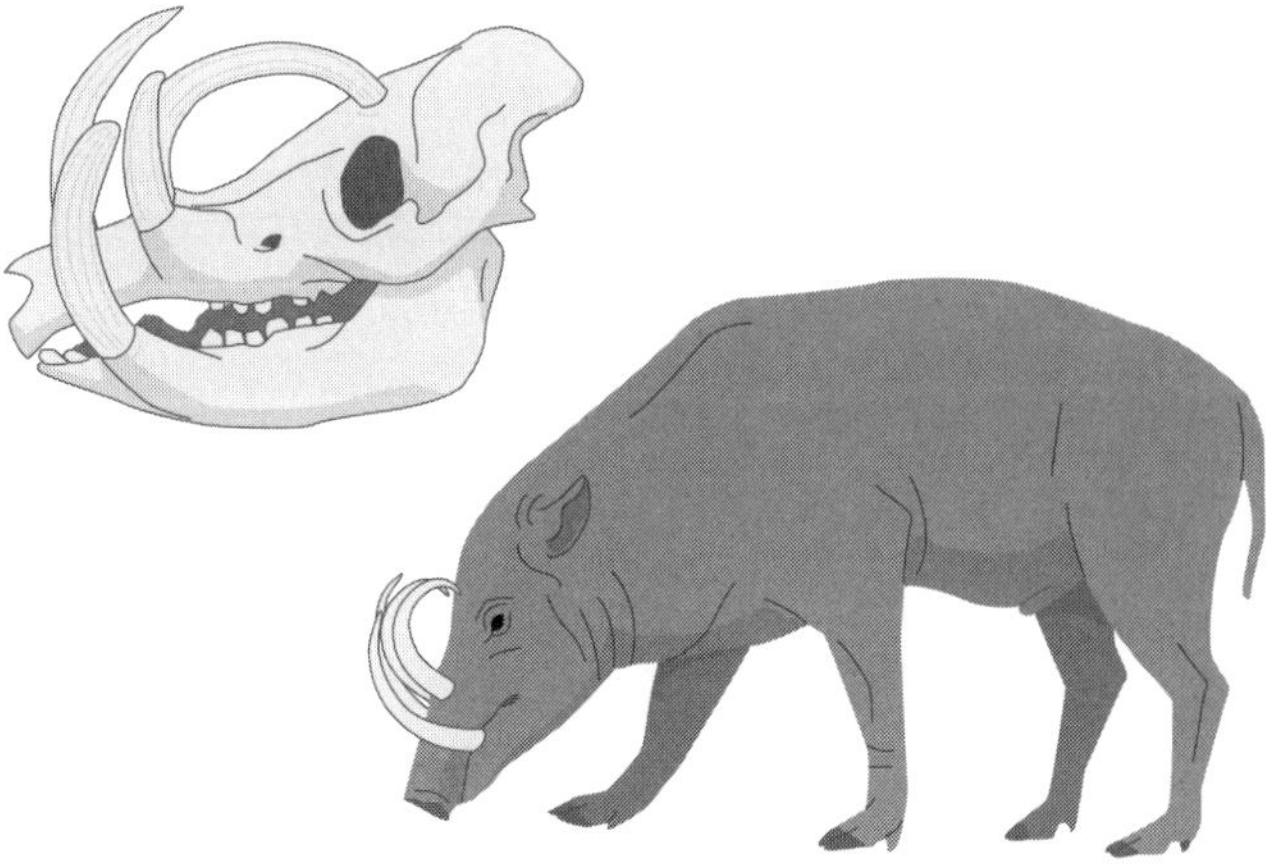

伸びていって、上あごの皮膚を突き抜けて、伸びてくるのだ。

　それだけでも十分に不思議なのに、さらにバビルサのキバはカーブを描きながら伸び続ける。そして、湾曲しながら伸び続けたキバは、ついには自分のほうに向かって伸びてくる。それでも、キバは伸び続け、場合によっては眉間《みけん》の皮膚を突き刺し、骨を貫いてしまうことさえあるのだ。

自らを傷つけるような、危険なキバは何のために進化したのだろうか。

　キバは、戦うための武器である。キバが短いよりも、キバが長いほうが有利である。そのため、バビルサはより長く、より長くと「長いキバ」を目指して進化を遂げたのである。

　その結果、「無用の長物」とも呼べるよう

な長い長いキバが発達したのである。

マンモスのキバも立派だが、大きく曲がっているので、敵を攻撃する役には立ちそうにない。

「キバは大きいほうが強い」「キバは大きいほうが有利である」

それは、間違いないが、キバを大きくするだけの方向に進化が進んでしまい、ブレーキが効かなくなってしまったのである。

どうして、このようなことが起こるのだろう。

自然界では、環境に適したものが生き残る。これが自然選択である。しかし、自然環境以外にも選《え》り好みをするものがいる。

オスのバビルサやマンモスにとっては、それがメスである。メスに選ばれたものは子孫を残し、そうでないものは子孫を残すことができない。これは性選択と呼ばれている。

長いキバを持つオスは強い。そのため、キバの長いオスはメスにもてる。しかし、キバが長いというメスの好みがいきすぎると、進化の方向さえ間違えてしまうのだ。

クジャクのオスが不必要に立派な羽を持っているのも同じ理由だ。クジャクの立派な羽は、環境を生き抜く上で何の意味も持たない。しかし、派手な羽を好むメスたちが、あの無用な羽を持つオスのクジャクを作り出しているのである。

このようなメスの選り好みによって進化が起こることは「ランナウェイ説」と呼ばれている。日本語では「暴走進化説」。ランナウェイとは制御不能という意味なのだ。

マーケティングの世界でいえば、選択を行うのは顧客だろう。

優れた商品が生き残るだけではなく、顧客が好む商品が生き残る。

しかし、消費者が正しいとは限らないし、何しろ顧客の好みは常に移うものだ。

後から思えば、どうしてあれが受け入れられたのかわからないような、おかしな流行やブームが湧き起こることもある。

ビジネスを展開する上では顧客に選ばれることは大切である。時にはブームに乗ることも必要かも知れない。しかし、顧客が常に正しい進化に導いてくれるとは限らないのである。

前述した、ダーウィンの有名な言葉がある。

もっとも強い者が生き残るのではなく、もっとも賢い者が生き延びるのでもない。
唯一生き残ることができるのは、変化できる者である。

この言葉はビジネスの場面でもよく用いられる。

生き残ることができるのは、変化できるものなのだ。

そして、何が何でも変化すれば良いというものではない。「変化する環境」に対応して、「正しい変化」をすることが大切なのだ。

そうだとすれば、生き物たちは、どのように変化しているのだろう。生き物たちの世界を見てみることにしよう。

木と草はどちらが新しい？

木と草は、どちらがより進化した形だろうか。

じつは、草こそが、変化する時代に対応して、植物が進化した形である。

恐竜の時代、植物は大きいほうが有利であった。

恐竜が繁栄した時代は、気温も高く、光合成に必要な二酸化炭素濃度も高かった。そのため、植物も成長が旺盛《おうせい》で、巨大化することができたのである。

植物は光を求めて、競うように巨大化していった。

すると植物をエサにする草食恐竜たちもまた、高い木の上の葉を食べるために、巨大化する。こうなると、植物も恐竜に食べられないように、さらに巨大化していく。そして、肉食恐竜も巨大化した草食恐竜を食べるために体を大きくしていった。

こうして、植物も恐竜も競い合って巨大化していったのである。

まさに「大きいことはいいことだ」の時代である。

植物が倒れることなく巨大化するためには、しっかりとした幹を作り、枝や葉を効果的に配置しなければならない。こうして大量の葉を茂らせるのが「木」である。

しかし、時代は移り変わった。

白亜紀の終わりごろになると、それまで地球上に一つしかなかった大陸は、マントル対流によって分裂し、移動を始めた。地殻変動で山ができれば、そこには雨が降り、川が氾濫を起こす。こうして、地殻や気候が変動する「変化」の時代となったのである。

何が起こるかわからない変化の時代になれば、時間をかけてゆっくりと大きく育っている余裕はない。それよりも、短い期間に成長して花を咲かせ、いち早く種子を残して世代更新をしたほうがいい。そのため、小さな「草」が登場したのである。

ただ、小さいだけではない。

草への進化は、シンプルな構造を持つ「単子葉植物」という劇的な進化として起こったと考えられている。

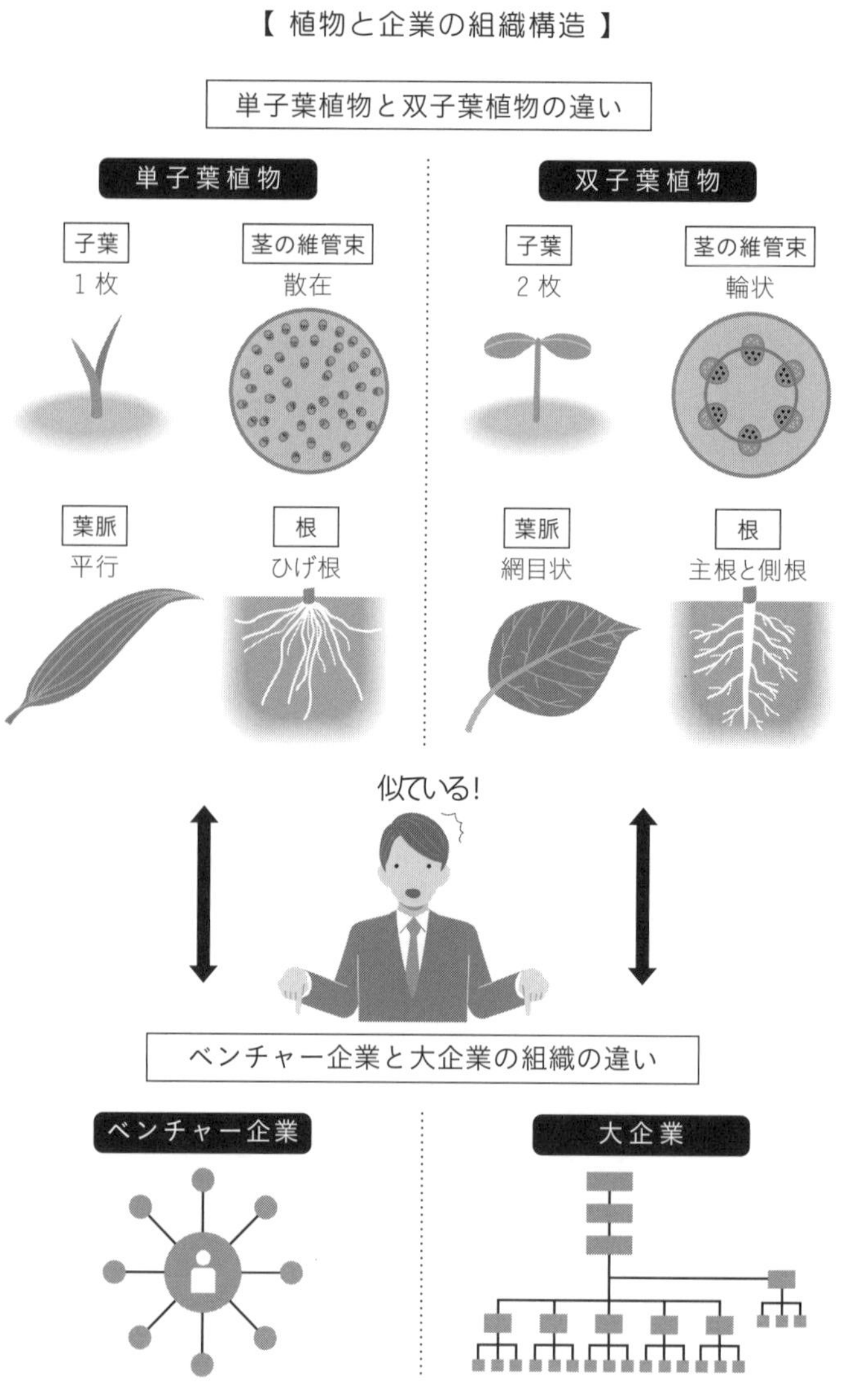
【 植物と企業の組織構造 】
単子葉植物と双子葉植物の違い
単子葉植物
子葉
1枚
茎の維管束
散在
葉脈
平行
根
ひげ根
双子葉植物
子葉
2枚
茎の維管束
輪状
葉脈
網目状
根
主根と側根
似ている!
ベンチャー企業と大企業の組織の違い
ベンチャー企業
大企業

単子葉植物は、じつにシンプルな構造をしている。

根っこは太い根っこから細い根っこへという植物の構造を無視して、ただ無秩序に根っこを伸ばすだけである。水を運ぶ葉の葉脈や茎の形成層も、まったく構造をなしておらず、とにかく水を運べればいいというくらいのシンプルな仕組みだ。

まるで組織や役職のないフラット化したベンチャー企業のようだ。

単子葉植物の草は、大きく育つには、まったく向いていない単純構造をしている。

変化の時代に対応するためには、とにかくスピード重視なのだ。そのためにできるだけ単純化し、シンプルにするというのが変化の時代に進化してきた草の戦略なのである。

雑草の誕生

一五三ページで紹介する植物の成功戦略（CSR戦略）の三つの要素は、「C：競争で勝ち抜く力」と「S：困難な環境に耐えうる力」と「R：変化に対応する力」だ。

Rはルデラルと呼ばれる。このルデラルの力をもっとも発揮しているのが、私たちの身近に生えている雑草である。

植物は、変化に対応するスピードを手に入れるために「単子葉植物の草」というスタイルを編み出した。この「草」というスタイルは、変化の時代には、相当、効果的だったのだろう。やがて双子葉植物のまま「草」になるものも出現した。

そのため、草と呼ばれる草本《そうほん》植物には単子葉植物と双子葉植物がある。

一方、木と呼ばれる木本《もくほん》植物には、スピード重視で構造度外視の単子葉植物はなじまない。そのため、木本植物には、単子葉のものはない。

さて時代は、ますます「変化の時代」へと突入する。

氷河期の終わりごろになると、氷河が土を削ったり、溶けた氷河が大量の水となって土砂を押し流したり、と予測不能な変化が次々と起こるようになった。この氷河期の終わりごろに、変化に対応した雑草の祖先が誕生したと考えられている。

やがて今から数万年前。生物の歴史上、最強にして最悪の、どう猛な生物が現れる。そして、その生物が次々に環境を破壊するようになったのである。

その生物こそが、人間である。

人間は森を切り開いて村を作り、土を耕して田畑を作る。今までにないようなめまぐるしい変化が起こるようになったのである。

この人間が作り出した変化する環境に適応して進化した植物が、「雑草」と呼ばれる植物群なのである。

自らが変化しなければならない

変化に対応するためには、自らが変化しなければならない。

この「変化する力」のことを、生物では「可塑性《かそ》」という。環境に合わせて、変化してゆく能力が大切なのだ。

植物は動くことができないので、動物に比べると可塑性が大きい。

動物は、大きい個体と小さい個体があっても、その大きさはそんなには違わない。しかし、植物は違う。同じ種類で、同じ樹齢だったとしても、何十メートルにもなる大木があるかと思えば、盆栽のような小さな木になることもできる。可塑性が大きいのだ。

植物は可塑性が大きい。その元にあるものは、「変えられないものは受け入れる、変えられるものを変える」ということだろう。

植物は動くことができないので、変えられないものは受け入れるしかない。変えられないものというのは、周りの環境だったり、周りの植物たちである。動くことができれば逃げることも、新天地を求めることもできるかも知れないが、とにかく動けないのだから、仕方がない。だからといって、環境を変えることなどできない。だから、そのまま受け入れるのである。

そして、変えられるものを変える。変えられるものというのは、自分自身である。だから、自分のほうを変化させる。それが、植物の可塑性だ。

かつて世界初のデジタルカメラを発明したのはコダックであった。しかし、コダックはフィルムの一大メーカーである。そのため、自らのビジネスを崩壊させるようなビジネスはしなかった。そして、デジタルカメラに対抗するためにフィルムの価格を下げて、競争力を高めていったのである。その結果、一大メーカーであったコダックは倒産をした。

一方の一大メーカーであった富士フイルムはダイナミック・ケイパビリティ戦略をとった。ダイナミック・ケイパビリティは「変化対応な自己変革能力」と訳されている。つまり、環境の変化に合わせて、自らを変化させられる力である。

富士フイルムは、本業を捨てて、自らが持つ高度な写真フィルム技術を強みとして、事業を多角化していった。そして、医療分野に軸足を移し、見事に生き残りを図ったのである。

踏まれた雑草はどうするか？

「変化に対応する」という強みを徹底的に追求し、変化に対応する植物として進化を遂げた雑草。変化に対応するために、もっとも大切なことは何なのだろう。

雑草を見ていると、それは、「変わらないこと」であるように私は思う。

踏まれても踏まれても立ち上がるというイメージのある雑草だが、じつは何度も踏まれると立ち上がらない。

「雑草魂」というのは、何とも情けないような気もするが、そうではない。

これこそが、雑草のすごさなのである。

そもそも、雑草にとってもっとも重要なことは何だろうか。

それは花を咲かせて、タネを残すことにある。そうだとすれば、踏まれても踏まれても立ち上がるというのは、ずいぶんと検討違いなことをしている。そして、無駄なエネルギーを使っている。

雑草の最終目的がタネを残すことだとすれば、踏まれながら花を咲かせて、踏まれながらタネを残すことに資源を使うほうが合理的である。だから、何度も踏まれた雑草は立ち上がらないのである。

根性論で生き抜けるほど、自然界は甘いものではないのだ。

タネを残すというゴールがはっきりしているから、そこに至る道筋は自由に変化することができる。上に伸びなければいけないということはないし、横に伸びてもいい。踏まれるなら、伸びなくたっていい。

大切なものは変えない。雑草に学ぶとすれば、これが変化するために大切なことだろう。

それでは、ビジネスにとって「変わらないもの」「変えてはいけないもの」とは何だろう。

それは、企業のビジョンやミッションかも知れないし、もしかするとそれは社訓や社是に記されているのかも知れない。

雑草の両掛け戦略

ビジネスの成功のためには、テリトリーを広げ「事業を拡大する」ほうが良いのだろうか。それとも、今あるテリトリーを守り「事業を強化する」ほうが良いのだろうか。

あなたは、どちらの戦略が良いと考えるだろうか。

雑草の中にもテリトリーを広げることを優先する陣地拡大型と呼ばれるものと、今、生

えている場所での競争力を重視する陣地強化型と呼ばれるものがいる。

しかし、やっかいな雑草の戦略は決まっている。周りにライバルがいないときには、陣地を拡大し、周りにライバルが出現すれば陣地を強化するのだ。

「どちらの戦略が良いだろうか？」という設問自体が愚問である。

どちらが良いかは、その時と場合によって異なる。そうだとすれば、どちらか一方を選んでどちらか一方を捨て去るのではなく、使い分けることが正しいのだ。

植物には、自分の花粉を自分のめしべにつけて種子を作る自殖と、他の個体と花粉を交換して多様性を維持する他殖という二つの繁殖様式がある。

自殖は、確実に受粉することができ、さらには花粉の数が少なくてすむというメリットがある。一方の他殖はコストがかかる代わりに、遺伝的な多様性を作り出せるというメリットがある。自殖と他殖は、どちらが有利なのだろうか。

雑草の多くは自殖も他殖もできる。花粉を運ぶ昆虫がいる環境では、他殖を目指すが、昆虫がいない環境では自殖を行って確実に種子を残すのである。

「善は急げ」の格言どおり、早く芽を出すほうが有利だろうか。それとも、「急《せ》いてはことをし損じる」の格言どおり、ゆっくりと芽を出すほうが有利だろうか。

これも、「どちらが有利か」と問うこと自体が間違っている。

もし、これが決められた環境であれば、どちらが有利という正解はある。

しかし、雑草が生えているのは、常に予測不能な変化が起こる環境である。予測不能なのだとすれば、どちらが有利かを論じること自体に意味がない。どちらが有利かは、そのときの環境によって変わってくるのだから、正解は、どちらの種子も用意しておくということになる。

このように、雑草は二者択一の問題に対して、どちらかに絞るのではなく、どちらも準備するという方法をとることが多い。この雑草の戦略は「両掛け戦略」と呼ばれている。

「戦う場所は絞る。しかし、オプション（戦う武器）は捨てない」

これが、予測不能な変化を生きる雑草の戦略なのだ。

変化するために必要な多様性

ハエやゴキブリなどの害虫は、殺虫剤が効きにくい薬剤抵抗性が発達することが知られている。雑草も除草剤を使い続けると、除草剤が効かない抵抗性の個体が蔓延《まんえん》する。

このような抵抗性は、どのようにして発達するのだろう。

生物の持つ「変化する力」には、「遺伝的変異」と「表現的可塑性」とがある。

表現的可塑性は、もともと持っている能力が環境によって変化する。寒い環境に慣れて、だんだんと寒さに強くなっていったり、練習をすることによって高い木に登れるようになったり、速く走れるようになったりする。環境に合わせて、個体自身が変化していくのである。植物であれば、環境に合わせて大きく育ったり、小さくまとまったりすることができる。

一方、遺伝的変異は、生まれつきの天性の性質だ。生まれつき寒さに強かったり、生まれつき病気に強かったりというように、さまざまな能力を持つ個体を用意しておく。そうすれば、どれかが生き残ることだろう。これが遺伝的な変異で変化に対応する方法だ。

ここでは遺伝的多様性に注目してみよう。

害虫や雑草は、さまざまな個性を持つ、多様性のある集団を維持している。

あるものは病気に強かったり、あるものは寒さに強かったりして、さまざまな環境の中でも、仲間のうちのどれかが生き残る仕組みになっているのだ。

その中には、数万分の一くらいの確率で、薬剤が効かない抵抗性の遺伝子を持つものがいる。殺虫剤や除草剤で、そのほとんどが死滅してしまったとしても、わずかに生き残った抵抗性個体が増殖する。そして、やがては抵抗性個体が蔓延するのだ。

抵抗性個体が蔓延した場合は、作用の違う新しい薬剤を散布してやればいい。しかし、数万分の一くらいの確率で、新しい薬剤に対する抵抗性を持つものがいて、やがてはそれが蔓延する。そのため、新しい薬剤の開発と生物の薬剤抵抗性の発達といういたちごっこが繰り返されるのだ。

しかし、不思議なことがある。

人間が殺虫剤や除草剤などの薬剤を一般的に利用するようになったのは、ほんの数十年前のことである。

害虫や雑草は、けっして薬剤の登場を予測して、抵抗性の遺伝子を準備したわけではない。人間が殺虫剤や除草剤を生み出すずっと昔から、遺伝的に多様な集団を作り続けてきた。その中に、薬剤が効かない遺伝子があるということは、薬剤がないときには、何の役にも立たなかったはずである。さまざまな遺伝子の多様性は遺伝子の突然変異によってもたらされる。ゴキブリやハエなどの害虫や、雑草となる植物は、そんな役にも立たない突然変異を作り続けてきたのだ。

これが、「薬剤の登場」という生物の歴史にとって思わぬ事態に対しても、絶滅することなく生き残る結果につながっているのだ。

私たちは「効率化」の名の元に、さまざまなものを捨て去ってきた。「捨てる」ことが進化することであった。

しかし、変化に対応する生物の戦略はどうだろう。

生物はできるだけ戦わない。戦うべき場所はしぼり込む。

しかし、戦うための武器は多いほうがいい。自らが持つオプションは、無駄に見えてもけっして捨てないのである。

「個性」は企業の武器になるのか？

生物の持つ遺伝的変異。これは人間の世界では「個性」と呼ばれるものであろう。

「ダイバーシティ」という言葉がもてはやされ、個性ある多様な人材の育成が求められている。

しかし、あまりにも個性が強すぎると、なかなかまとまらないという問題もある。

生物にとって個性とは何なのだろうか。

私たちには、眼が二つある。世界中の人は眼が二つである。眼が三つあるという個性的な人はいないし、秘境の地に行っても、環境に適応した眼が一つの民族がいるわけではない。手の指の数は両手で十本である。指の数にも多様性はない。

病気を除けば多様性がないということは、目は二つあるのがもっとも適しているということである。そして、指が十本あることが、正解ということなのだ。

このように正解があるものに対して、生物は個性を生み出さない。

かつて進化の実験場といわれたカンブリア紀には、目が三つあるような生き物もいた。あるいは、昆虫の中には単眼と複眼を合わせて三つの目を持つものもいる。

しかし、人間という生物種は目は必ず二つと決まっている。進化の結果、目は二つと決められたのだ。

キリンの首の長さに個性はない。ギネスブックに載るようなびっくりするほど長い首のキリンもいなければ、ときどき、首が短いキリンが生まれるということもない。キリンにとっては首が長いということが大切である。だからそこに個性はないのだ。

シマウマに足の遅いシマウマはいない。少しは能力に差があるかも知れないが、人間のオリンピック選手と、一般の人ほどの能力の差はないだろう。シマウマにとっては、速く走ることが正解である。足が速くても遅くても、どちらでも良いということはないのだ。

一方、人間の顔の形には個性がある。人間の能力にも個性がある。

いらない個性はない。
それが、生物学の答えなのである。

生物の二つの戦略

生物が増殖していく戦略には、「rK戦略」と呼ばれる戦略がある。

rとKは、生物の増加を表すロジスティック式の係数である。

rは、増加率を示している。そのため、rが高ければ、生物の増加速度は高くなる。

一方、Kは環境収容力を表している。環境収容力とは、食べ物や生息空間などが制限されているある環境で生存できる、生物の個体数の最大値を意味している。

Kに対して個体数Nが同じ値だと、生物の増加速度はゼロになってしまう。また、Kよりも個体数Nが多くなれば、個体群速度はマイナスになる。環境収容力を超えれば、個体数は減少するのである。そのため、個体群速度を大きくするためには、環境収容力が大きくなればいい。

つまり、生物の増加速度を高めるためには、rやKの値を大きくすれば良いのである。

rの増加率を増やすためには、卵や子どもをたくさん産めば良いということになる。また、繁殖のスピードを速めて、何度も何度も卵や子どもを産めば良い。

それでは、Kはどうだろう。

Kは環境によって定められた最大値なので、環境を変えない限りKを高めることはできない。生物にできることは、上限であるKの値いっぱいの個体数になるように、生存率を高めて個体数を減らさないことである。

生存率を高めるためには、簡単に死なないような強い子どもを作ることが大切である。

しかし、話はそれほど単純ではない。

rを高めようとして、卵や子どもの数を増やそうとすれば、一個当たりの卵はどうしても小さくなるし、一匹一匹の子どもも小さく弱くなってしまう。Kの個体数を満たすのに必要な、生存率が下がってしまうのである。

そこで生存率を高めようと、栄養分を分け与えて大きな卵や大きくて丈夫な子どもを産もうとすれば、どうしても卵や子どもの数は少なくなってしまう。さらに生存率を高めるために、親が卵を守ったり、子育てをしようとすれば、面倒を見ることのできる卵や子どもの数は限られるし、何より子守りをしている限り、次の繁殖をすることができない。

rを高めればKは低下してしまう。一方、Kを高めようとすればrを犠牲にせざるを得ない。つまり、rとKとは、あちらを立てればこちらが立たずのトレードオフの関係にあるのだ。

弱くて小さな卵をたくさん産むか、強くて大きな卵を少し産むか、すべての生物はこのジレンマに悩まされているのである。

そして、増加繁殖率を優先する選択がr戦略、生存率を優先する選択がK戦略と呼ばれているのである。

弱者はr戦略を選ぶ

数で勝負するr戦略が有利か、一つ一つの生存率を高めるK戦略が有利かは、生物のおかれている環境や状況によって異なる。

K戦略は生存率が高い。生存率とは、すなわち競争力や敵から身を守る能力のことだ。そのため、一般的に、**天敵が少ない強者の生物はK戦略を選ぶ傾向がある。**

一方、エサにされるような弱い生物は生存率を高めようとしても、結局、食べられてしまう。そのため、食べられても、それ以上に増えて生き残りを図るほうが効果的である。そのため、**弱い生物はr戦略であることが多い。**

たとえば、哺乳類や鳥類は、少ない子どもをしっかりと育てるK戦略の傾向が強い。

一方、天敵の多い魚類や昆虫はたくさんの卵を産むr戦略の傾向が強い。

また、哺乳類の中でも比較的弱い存在であるネズミはたくさんの子どもを次々に産むし、魚類の中でも強い生き物であるサメは、卵をお腹の中で孵《かえ》して、哺乳類と同じように少数の大きな子どもを産むものもある。

食う食われるの関係では、食われる生き物は、食われることによって生存率が下がるので、生存率を維持しようと無駄な努力をするよりも、繁殖率を高めて、食べられてもどんどん増えるほうを選択したほうが賢い。一方、サメのように敵の少ない生き物は、親がしっかりと保護したほうが、生存率が高まるのである。

それでは、「変化する環境」では、どちらが有利なのだろうか。

量で勝負するr戦略なのだろうか、それとも一つ一つの質で勝負するK戦略なのだろうか。

変化する環境は数で勝負

同じくらいの力を持つ生物どうしが、r戦略とK戦略を選んで競争をしたとき、どちらの戦略が成功するだろうか。

r戦略者は繁殖力が高いので、ものすごい勢いで増えていく。ところが、環境の中で許容される個体数は決まっている。つまり飽和状態になってしまうのだ。

一方、K戦略者は増殖は遅いが、一つ一つは体が大きく競争力が高い。

こうして、競争が起こるようになると、生存率の高いK戦略者がじわじわと増えてくる。

そして、ついにはr戦略者を圧倒してしまうのである。

自然界では、戦いに敗れたほうは滅びる運命にある。こうして、r戦略者は滅んでしまう。

それでは、環境が変化するとどうだろう。

環境が変化すると、どれが生き残るかはわからない。どんな性質が環境の変化に対応できるかは時の運だ。

ある者は生き残り、ある者は死滅してしまう。

環境の変化が大きければ大きいほど、生き残ることのできる確率は低くなる。

もともと増殖率の低いK戦略者は、すべていなくなってしまうかも知れない。

数が多ければ多いほど、どれかが生き残る確率が高くなる。

そのため、変化が大きい環境では、「数が多い」ことが生き残る上で重要となる。

そして、r戦略者である弱者のチャンスが広がるのである。

雑草と呼ばれる植物群は、草取りされたり耕《たがや》されたりする環境の変化が多い場所に生えるr戦略者の植物である。

そのため、「小さな種子をたくさんつける」というのが基本戦略である。

しかし、生えている環境によって、より小さな種子をよりたくさんつけるか、それともより大きな種子をより少なくつけるかは変化する。

スズメノテッポウという雑草の例を見てみよう。

スズメノテッポウには、田んぼに生えるタイプと畑に生えるタイプとがある。

田んぼに生えるタイプは、種子が大きい代わりに種子数が少ない特徴がある。一方、畑に生えるタイプは、種子が小さく種子数が多いのである。

田んぼは、イネを作るために環境が変化する場所ではあるが、耕される時期や水を入れて田植えをする時期は決まっている。

変化は起こるが、それは予測可能な安定した変化なのだ。そのため、田んぼの環境に合った性質を持つ生存率の高い大きな種子をつける。

一方、畑はどんな作物を作るかによって、耕す時期が変化する。気まぐれな人間のすることだから、雑草にとっては予測不能な変化である。そのため、畑に生えるタイプは、小さい種子をよりたくさんつける。

「下手な鉄砲も数打ちゃ当たる」というのは、あまりに無策な気もするが、的《まと》が変化し続け、どこに的があるかわからない状態では、とにかく数を打ちまくるしかない。

雑草の戦略を見れば、予測不能な環境では、数が勝負なのだ。

予測可能な変化は「変化」とは呼べない

厳しい環境では、数で勝負。

それが、変化を生きる弱者の戦略である。

しかし、勘違いしてはいけない。

たとえば、南極に棲むペンギンは、卵を一個しか産まない。他の鳥類は数個の卵を産むのが一般的だから、ペンギンは鳥類の中でもK戦略の傾向が強いのである。

安定して恵まれた環境ではK戦略が有利なのに対して、変化が大きい不安定な環境ではr戦略が有利だと紹介した。それなのに、どうして不安定な環境に暮らすペンギンはK戦略を選択しているのだろうか。

ペンギンが暮らしている環境はけっして不安定な環境ではない。

ブリザードが吹きすさぶ厳しい寒さがやってくるが、それは毎年のことである。マイナス六〇℃にまで気温が下がろうと、それは想定された厳しさである。

秋が来れば、次には厳しい冬がやってくる。

そんな予測可能な範囲の変化は変化とはいえない。どんなに厳しい寒さも、ずっと寒いのであれば、それは安定している。

予測可能なのであれば、それに対して準備をすればいいだけの話だ。

そのため、ペンギンは卵一個という極端なK戦略を選択しているのである。

数で勝負というr戦略が有利な不安定な環境は、単に厳しい環境ではない。変化する環境でもない。

何がいつ起こるかわからない予測不能な環境。それが生物にとっての「変化」なのである。

予測不能な時代がやってきた

安定した環境では競争力がものをいう。強者のK戦略が有利となる。

しかし、予測不能な変化が起こる環境では、r戦略が有利である。

つまりは、「数で勝負」という戦略だ。

とにかく予測不能である。

何が当たるかわからないのだから、武器の数は多いほうがいいし、オプションもできる限り捨てずに持っておいたほうがいい。

もちろん、その多くは正解ではないだろう。その多くは失敗に終わるはずである。しかし、どれかが生き残ればいいのだ。

道ばたにはびこる雑草は、平気な顔で生えているように見えるが、じつは、何万もの種子の一つが成功を収めているに過ぎない。雑草は小さな種子をたくさんつける。

マネジメントの父と呼ばれるドラッカーは戦略を立てるためには、将来を予測することが重要であると主張した。そして、効率よく正確に将来を予測するためのさまざまな分析方法が提案されてきたのである。

もちろん、将来を予測することは必要である。

しかし、どんなに予測したとしても、そのとおりにならないのであれば、意味はない。

もしかすると現代は、まさにその「予測不能な時代」になっているのかもしれない。

「一寸先は闇」ということわざがあるが、まるで何が起こるかわからない。何が起こっても驚くに値しない、もはやそんな時代だ。

これまでの常識は通用せず、思いもしない逆境が突然降りかかり、思わぬ方向から敵がやってくる。足をつけていたはずの地面が突然崩れ去る。

まるで突然、土を耕されてしまう雑草の心持ちだ。

そんな時代に成功する大企業とはいったい、どのような姿をしているのだろうか。

GAFAの雑草戦略

GAFAと呼ばれる急成長している巨大企業がある。

アメリカ大手資本のグーグル、アマゾン、フェイスブック、アップルは、その頭文字を取ってGAFAと呼ばれているのだ。

それまでの強者と呼ばれる大企業の戦略は、力で相手をねじふせることであった。力と力の戦いになれば、負けるはずがないのだから、できるだけ相手に変な小細工はさせずに、正面から戦いたいのだ。

前述した、もともとは軍事戦略でありながら、ビジネスの世界で用いられるランチェスター戦略では、弱者である企業は「差別化戦略」が基本戦略となり、強者である企業は「ミート戦略」が基本戦略となる。

ミート戦略は、差別化を許さない同質化戦略である。

差別化された優れた新商品が他社から出れば、強者はそれのマネをする。差別化させないのである。そして、力にものをいわせて低コストで大量生産をする。さらに、広域な販売網で売りまくる。新商品と模倣品の差がなくなれば、後は生産力や販売力がものをいう。それが強者の戦略である。

しかし、GAFAの戦略は少し違うようだ。

GAFAは他企業に追随するのではなく、トップランナーとして「未来」をイメージさせる新たな挑戦に取り組む印象がある。

マッキントッシュやiPod、iPhoneなど、革命的な新商品を世の中に出し続けているアップルが挑戦的な企業であるということに異論はないだろう。

また、大企業の勝者の戦略は、先駆的な商品に機能を追加したり、デザインを変化させて、価値を付加させて後追いするのが、一般的である。しかし、余計なものをそぎ落とし、よりシンプルにするのが、アップルの商品の特徴である。しかも、商品のラインアップも数を少なくして、しぼり込みを図っていく。

アップルの商品は、技術的には他社の製品と大きな差はないといわれているが、この「シンプルさ」で差別化を図り、徹底的に強みとしての「シンプルさ」を追求している。

差別化し、集中するというやり方は、本来であれば弱者が取るべき戦略だ。

グーグルはどうだろう。

グーグルもインターネット検索エンジンを中心とした企業でありながら、自動車の自動運転技術に挑戦して既存の自動車メーカーを脅《おびや》かしている。それどころか、寿命を延ばす研究まで行っている挑戦家だ。

フォードやトヨタ、ベンツなど世界的な大企業が群雄割拠《ぐんゆうかっきょ》する自動車業界で、今、自動運転の研究に挑戦しているのは、グーグルやアップルなどGAFAと呼ばれる畑違いに思える企業である。彼らは常に挑戦者なのだ。

あるいは、アマゾンは、ドローンによる荷物の空路配送や空飛ぶタクシーの技術開発に取り組んでいる。また、自動決済によるレジなし無人スーパーもアマゾンの取り組みの一つだ。

大企業は、安定を求めるから、成功の可能性があっても、失敗するリスクがあるものには挑戦しにくい。しかし、アマゾンは成功するか否かを予測するよりも、小さな可能性に対して投資していく。そして少額の投資で失敗すればすぐに撤退する。こうして、失敗を繰り返しているのである。その結果、芽生えた雑草の苗が、AWS（アマゾンウェブサービス）といったクラウド事業やアマゾンエコーなのである。

失敗することを恐れずに、失敗することを前提として、小さなコストの小さな種子をた

くさんばらまく。まさに雑草の戦略だ。

ＧＡＦＡは大企業でありながら、常に挑戦をし続けている。その挑戦は多岐に渡る。しかし、その挑戦の一つ一つはとても小さい。その多くは徒労に終わっても、そのうちのどれかが大きく成長し、花を咲かせればいいのだ。

ＧＡＦＡの企業は、まるでカフェか子ども部屋を思わせるような仕事場で社員の創造性を刺激し、小さなアイデアをたくさん出させる。小さな挑戦と小さな撤退をし続ける。

そしてたくさんの失敗の中で、大きな成功を収める。小さな挑戦を続け、変化し続ける。これが予測不能な時代に大きな成功を収めているＧＡＦＡの戦略である。

ＧＡＦＡに見る弱者の戦略

ＧＡＦＡの成長の中には、他にも弱者の戦略を見ることができる。

ＧＡＦＡの戦略は、小さな企業が取るべき戦略を巧みに取り入れているように思える。

たとえば、アップルの強みはシンプルさとスピードだ。このシンプル志向を自らの強みとして徹底している。

七〇ページで紹介したように、**植物は環境の変化に対応するために、複雑な構造を持つ**

【 ロングテールの法則 】

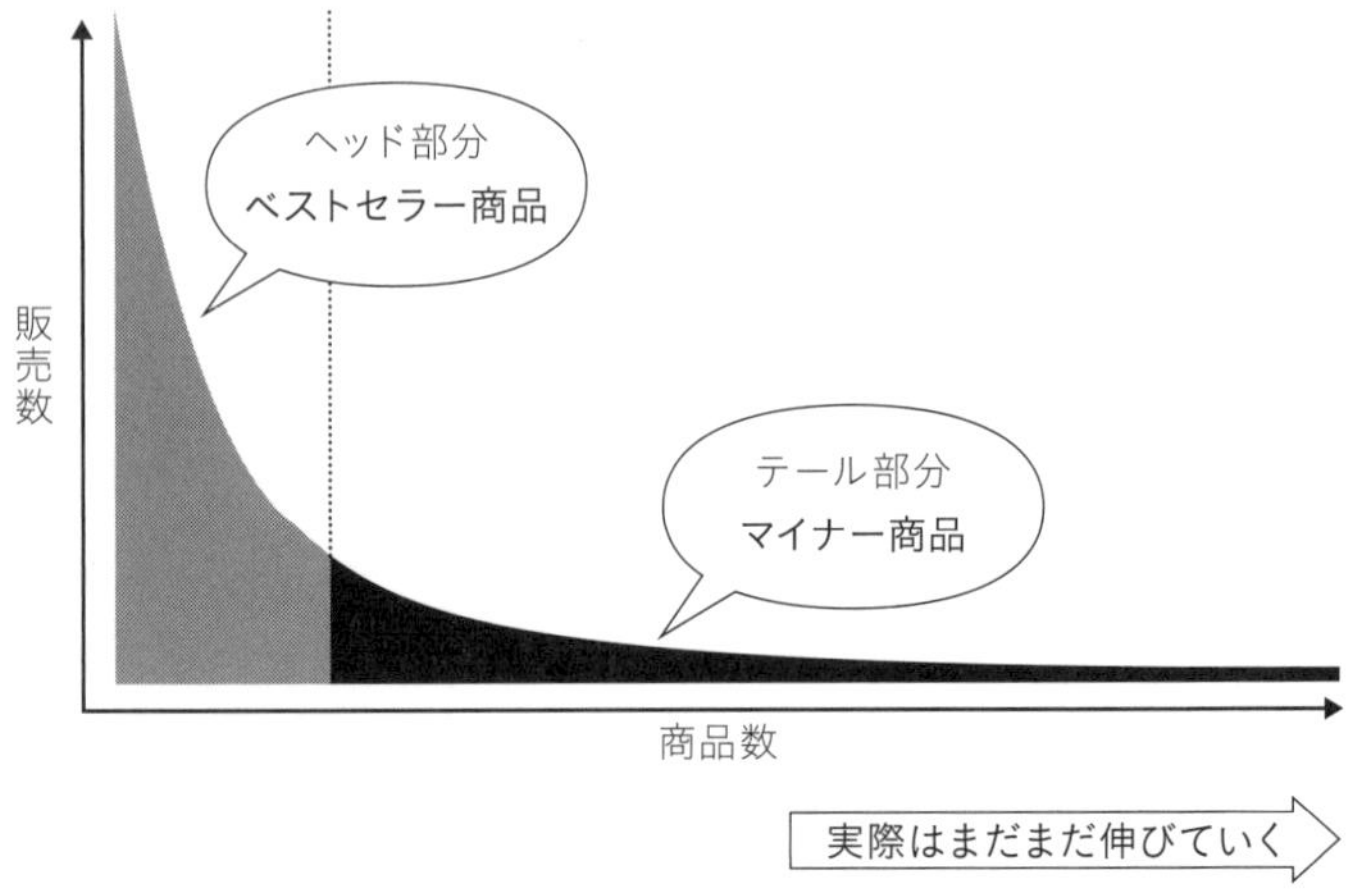

巨大な木から、シンプルな構造の小さな草へと進化をした。まさに、アップルは変化に強い草本植物のようである。

アマゾンの成功の秘訣はロングテール戦略にあるといわれている。

通常の店舗は売れ筋商品を置く。売れない商品を置いておいても、コストがかさむだけだからだ。

しかし、たとえば小さい店舗はそれでは大規模店に対抗できない。

そこで、専門性を高めて、マニアックな商品を集めたり、個性的な商品をそろえて差別化する。マニアックな商品や個性的な商品に惹《ひ》かれる消費者は多くはない。しかし、少数派も集まれば、それなりの数になる。テール部分で勝負できるのは、小さい店ならではの戦略だ。

ところが、アマゾンは違う。

一つ一つの商品はほとんど売れなくても、塵《ちり》も積もれば山となると言わんばかりにテール部分をカバーしている。どんなマイナーな商品でも入手できるというのがアマゾンの魅力であり、そんな膨大な品揃えを巨大な倉庫で可能にしている。

弱者が占めるべき小さなニッチをすべて集めて、大きなニッチを形成しているのである。

まさに弱者の戦略を取り入れた巨大企業なのである。

フェイスブックはどうだろう。

フェイスブックは「人とつながりたい」という人間の欲求をビジネスの根幹にしている。モノを売るのではなく、人と人とのつながりを大切にした顧客とのコミュニケーションというのは、地元の商店街や街の小さなお店が得意としていたところだ。

大企業が効率化を目指す中で希薄化していた「人と人とのつながり」という弱者の強みを武器にした大企業なのである。

変化が創り出す新たなニッチ

さまざまな生き物がナンバー1になれるオンリー1のニッチを、日々求めている。世界のすみずみまで、ニッチは埋め尽くされているように見える。その中で新たなニッチを生み出す原動力が、「変化」である。

変化は新たな環境を生み出し、手つかずの新たなニッチが生まれることもある。

たとえば、海の上に新しい島が生まれれば、そこは大きなニッチとなる。

しかし、新しい島ができるというような、ドラマチックでダイナミックな変化は、そう簡単には起こらない。

現代では、環境を変化させるもっとも大きな要因は人間である。

たとえば、人間が海を埋め立てれば、そこは生物にとっても新たなニッチとなる。公園を作れば、公園もまた生物のニッチとなる。

こうして、新たなニッチが作られ、そこに次々と生物も侵入していくのである。

変化が起これば、新たなニッチが作られる。

人間の世界はどうだろう。

人間は変化を求め、変化を引き起こす生物なので、人間の社会では常に変化が起こっている。

たとえば、女性の社会進出は、「働く女性」という大いなる新しいニッチをビジネスの世界にもたらした。

力強い男性向けの商品が多かった栄養ドリンクの中で、エーザイの栄養ドリンク「チョコラBB」は働く若い女性という新たな市場を見いだしたのだ。チョコラBBのキャッチコピーは「疲れていると、かわいくないぞ」。汗くさく、男くさいイメージの栄養ドリンクの中で、エーザイは「かわいい」という土俵を見いだしたのである。

緑茶ドリンクの後発参入であるコカ・コーラもまた、「健康で美しい女性」という土俵を見いだした。それが「爽健美茶」である。

成長はS字曲線を描く

植物の草丈や動物の体重などの生物の成長は、一般にはS字型をしたシグモイドカーブと呼ばれる曲線を描く。これが、「成長曲線」である。

はじめは成長が緩やかであるが、成長期になると成長速度は速まる。そして、次第に成

【 プロダクトライフサイクルの図 】

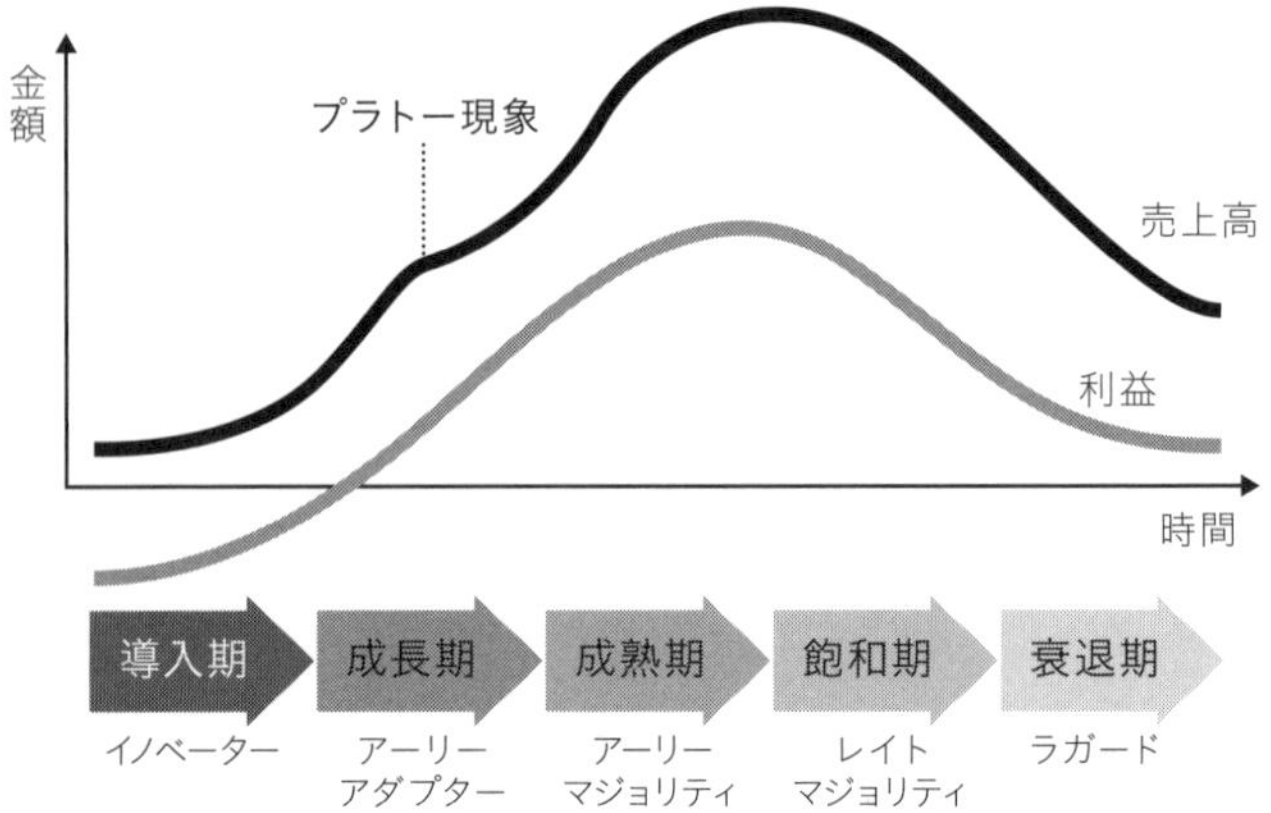

長は緩やかになり衰《おとろ》えてゆくのである。

生物の増殖も同じである。

生物は、何も制限がなければ次々に増えていくことができるが、エサや空間などの資源には限りがある。そのため、ある程度増えると、個体数は環境の収容範囲に収まって一定となる。個体数が少ないときには、増殖のスピードは緩やかだが、個体数が増えてくると増殖のスピードは速まる。そして、環境収容力の上限の個体数に近づいてくると、再び増殖スピードは低下する。こうして増殖の曲線もS字型となるのである。

このように生物の成長は、S字型の成長曲線となる。

これらのS字曲線の中には、ロジスティック曲線やゴンペルツ曲線などがある。これらの曲線は、もともとは生物学の数理モデルであるが、新技術の普及や産業の成長法則もよく当てはまるとされているのである。

始まりがあり、成長があり、終わりがある。

これが真理ということなのだろう。

世の中に永遠のものはない。そして、すべてのものは変化し続けるのである。

この変化を捉えなければならないのだ。

すべての生命に寿命があるように、すべての商品にも寿命がある。これを著すS字曲線が、プロダクトライフサイクルである。

プロダクトライフサイクルは、「導入期」→「成長期」→「成熟期」→「飽和期」→「衰退期」という五つの段階で構成される。そして、導入期にはイノベーター（革新者）と呼ばれる少数の新しもの好きが顧客となる。次に成長期に入ると、アーリーアダプター（初期採用層）と呼ばれる、流行に敏感な層が顧客となる。そして、アーリーアダプターが情報を発信して、周りを巻き込んでいくことで、市場が成熟していくのである。

やがて、商材の知名度が広がり、競合が増えるにしたがって、アーリーマジョリティ（前期追随者層）と呼ばれる層が顧客となる。そして、成熟期から飽和期になると、一般に普及したのを待って購入するレイトマジョリティ（後期追随者層）が顧客となっていくのである。

植物の移り変わり

このプロダクトライフサイクルは、植物の世界の遷移《せんい》（succession）と呼ばれる変化にもある。遷移とは移り変わりを意味する言葉だ。

商品の市場が成熟していくように、植物の世界では、植物の種類が増えて、豊かになっていく。

たとえば、生き物がまったく存在しない何もない荒れ地があったとすれば、そこには最初にほとんど栄養分がなくても生えることのできるコケ類や地衣《ちい》類が生える。これが導入期だろうか。

やがて有機物ができ、土ができて、植物が育つ基盤ができあがってくる、そこには小さな草が生える。小さな草が生え始めると、次々と大きな草も生えるようになり、草が茂り始める。やがては灌木《かんぼく》が生えて、藪《やぶ》のようになる。これが成長期である。

成長期には、一旦、成長が停滞するプラトー現象が観察される。

植物でいえば、これは草が生い茂る草原から、木が林立する森林への質的な転換期ということになるだろうか。

【 植物の遷移 】

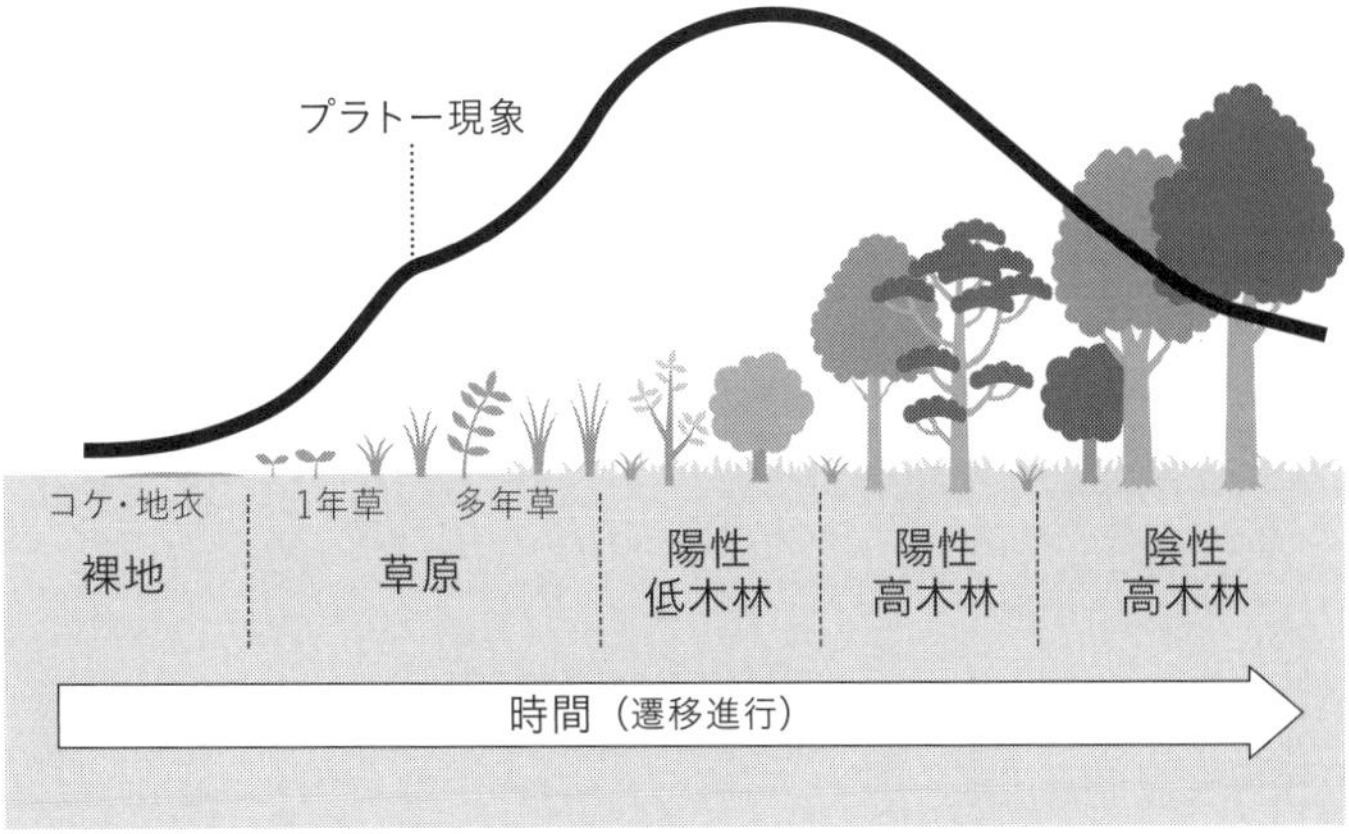

草から木へというのは、植生にとっては大きな転換期だ。

「草」というのはスピードを重視した戦略である。とにかく素早く侵入し、素早く大きくなって、素早く種子を作る。そして、できるだけたくさんの種子をばらまくのである。つまり、「スピードと量で勝負する」のが草である。

これに対して、木は違う。木は、しっかりとした幹を作りながらじっくりと大きくなっていく。つまり、木は「競争力と質で勝負する」戦略なのである。

そして草の時代は終わり、藪《やぶ》には次第に木が生え始める。スピードの時代から、競争力の時代、量から質の時代になるのである。

とはいえ、最初は草が競争相手だから、比

較的、競争は緩やかである。明るい林になる。しかし、やがて競争は激化し、強い植物が生き残り、弱い植物は淘汰《とうた》されていく。そして、巨大な木が生えて豊かな森となっていく。まるで成熟した市場のようだ。これが成熟期である。そして、森はゆっくりと姿を変えながら、最後には深い深い森となる。これが飽和期である。

プロダクトライフサイクルの中で、どの位置にビジネスを位置づけるかが重要であるように、植物も種類によって、生えるべきタイミングがあるということになる。

植物にとっては、時間の流れの中でも、ニッチがあるのである。

ビジネスの世界では、導入期はリスクも大きく、顧客も少ないので利益は少なくなる。成長期は利益は少ないものの見込むことができるので、ビジネスを始めるチャンスである。しかし、ビジネスを始めるチャンスであることは、誰にとっても同じなので、競争が起こる。やがて成熟期には利益が高まるが、この時期は大量生産や低コスト化が可能な競争力の強い企業が有利となる。**生産性の高い巨木が有利な森と同じである。**

植物の群落も、商品の市場も同じサイクルをたどっているのである。

パイオニアの戦略

プロダクトライフサイクルの導入期は、利益が少なくビジネスとしては、難しい。しかし、利益は少なくても、競争相手が少ないというメリットはある。そこでこの導入期を狙ってニッチを獲得しているのが、パイオニアと呼ばれる植物である。

植物の世界でも、新たなニッチが作られることがある。

前述のように、人間が海を埋め立てた埋め立て地は、生物にとっては大きなニッチとなる。

新しく作られた環境に、果敢《かかん》にチャレンジして進出する生物は「パイオニア」と呼ばれている。

パイオニアに求められるのは、とにかくスピードである。

まったくの未開の地でニッチを奪い合うのである。そこに求められるものは、競争力ではなく、とにかく速《すみ》やかに進出するというスピードだ。

パイオニアと呼ばれる植物は、とにかく素早く新たな土地に進出する。

植物では、タンポポの綿毛のように、風で種子を運ぶような種類が有利だ。それらの植

物は、新しくできた土地に、いち早く種子を進出させて定着する。

しかし、パイオニアと呼ばれる植物は、スピード重視に強みを持つ代わりに、競争力には弱い。新しくできた土地も、何年かすればさまざまな植物が侵入してくる。そして、力と力でニッチを奪い合う競争の場となるのだ。

パイオニアの植物は素早く新たな土地に侵入するが、競争力の強い植物が侵入してくれば、もう勝ち目がない。

そうなると、また、進出すべき新たなる土地を見つけて、種子を飛ばすのだ。

とはいえ、そんなに簡単に新たなる土地は見つかるものなのだろうか。

環境が安定した時代であれば、火山の爆発や洪水のような天変地異でもなければ、新たな土地は生まれないかも知れないし、新たな島が出現するような歴史的なイベントを待たなければいけないかも知れない。

しかし、変化の時代である現代では、パイオニアたちにとっては、次々と新しい土地が作られ続けている。たとえば、人間が草刈りをする。草刈りをすれば、競争力の強い植物がすべて除かれる。つまり植物がないリセットされた状態になるのだ。

何もないとはいっても、そこは岩と砂ばかりの荒れ地ではない。今まで植物が育ってきた土壌がある。つまり、プロダクトライフサイクルでいえば、まったくの導入期ということではないのだ。

そのため、風で種子を飛ばす小さな雑草のすみかとなる。この小さな雑草が「パイオニア戦略」の実践者なのだ。

パイオニアは、常に新しい土地を求めて、たくさんの種子を飛ばし続ける。そして、新たな土地から新たな土地へと移動してゆくのである。

まるでブームの兆《きざ》しを捉えて商売をする流行店のようだ。

流行を追いかけるビジネスでは、パンケーキが流行ればパンケーキ屋を出し、タピオカがブームになればタピオカドリンクの店を出す。そして、ブームが去るころには、次のブームに乗っかっている。プロダクトライフサイクルの初期で、イノベーターやアーリーアダプターという流行に敏感な顧客をターゲットとする。そして、アーリーマジョリティがブームに参加し、市場が成熟し始めたころには、次のブームを探し始めるのである。

まさにパイオニアの戦略である。

パイオニアの戦略にとって重要なことは、「スピード」と「コストをかけない」ことにある。とにかく早く侵入する。コストをかけてゆっくりと大きく育つ植物では新天地では成功しないのだ。

世代交代というギャップ

遷移が進むと、そこは競争に打ち勝った巨大な木々で構成される深い森となる。この深い森ができあがると、遷移という移り変わりはおしまいである。競争力の強い木々が生い茂った最終的な状態は「極相」と呼ばれている。極まった状態なのである。

この深い森に変化など、起こるのだろうか。

しかし、驚くことにこの深い森の中に生える小さな草花もある。

じつは、深い森の中にも変化は起こるのだ。

それが「ギャップ」である。

極相状態にある森林でも、大木と大木の激しい競争が行われている。あるいは、何かの拍子で木が枯れてしまうこともある。そして、大木が地面に倒れてしまうのである。大木が倒れると、それまで暗かった森の中に光が差し込む。それがギャップである。

巨木は永遠に巨木であり続けることはない。巨木にも終わりは来るのだ。そのギャップにいち早く生えるのが、ギャップ植物と呼ばれる植物である。

ギャップもまた、遷移がリセットされた状態ではあるが、タンポポのような綿毛が森の奥深くまで届くことはない。それでは、ギャップ植物はどのようにして芽生えるのか。

じつはギャップ植物は深い森ができあがる前から、そこに生えていた。そして、深い森ができあがると、後は種子となって土の中で眠り続けるのである。

深い森の中で芽を出しても、光のない森の底では枯れてしまう。そのため、無駄な戦いはせずに、土の中でやり過ごすのだ。そして、ギャップができあがると、素早く芽を出して花を咲かせ、種子を散布する。そして、その種子は、また次のギャップを待ち続けるのである。

チャンスがないように見える深い森の中にも、新たな土地というものは見いだすことができるのだ。

III

生き物たちの
オンリー1戦略

生き物たちのコア・コンピタンス戦略

「ナンバー1になれるオンリー1の場所」

この生き物のニッチ戦略は、ビジネスの世界の「コア・コンピタンス」や「ランチェスターの弱者の戦略」を思わせる。

競争社会で勝ち抜くためには、「選択と集中」に尽きる。つまり、「無駄な戦いは避けて戦わず、ナンバー1になれそうな場所で勝負をする」ということである。

コア・コンピタンスは、ゲイリー・ハメルとプラハラードが提唱した概念であり、ライバルに負けることのない企業の核となる能力を言う。

生き物たちの世界では、戦いや競争に強い者が勝者になるわけではなく、生き残った者が勝者である。

そのため、この世に存在しているすべての生物は、自らの強みを活かしナンバー1となるオンリー1のニッチを見いだしているのである。それでは、生き物たちは、どのようにして自らのポジションを確保しているのだろうか。

どのように他の生物と差別化しているのか、どのようにして強みを発揮しているのかに注目してみたい。

ナンバー1しか生き残れないのか？

本当にナンバー1しか生き残れないのだろうか。ナンバー2も生き残れるのではないかと思うかも知れない。

たとえば、クワガタムシはどうだろう。

森の王者はカブトムシかもしれないが、クワガタムシも森のナンバー2として君臨しているように見える。

しかし、残念ながらそうではない。

クワガタムシもまた、ナンバー2ではなく、ナンバー1として生きていいのだ。

カブトムシとクワガタムシは活動時期がずれている。夏の暑い時期にはカブトムシが活動をするが、クワガタムシはカブトムシと活動時期をずらすように、もう少し涼しい季節や涼しい地域で活動するのである。

つまり、あくまでもカブトムシのいない環境でのナンバー1なのである。

もちろん、カブトムシとクワガタムシの活動は、完全に分かれているわけではないので、

【 カブトムシとクワガタムシは活動時期をずらしている 】

カブトムシとクワガタムシがエサ場で出くわすこともある。

しかし、**カブトムシとクワガタムシが豪快に戦ったり、カブトムシが豪快にクワガタムシを投げたりすることは稀で、大概は、カブトムシと出くわせばクワガタムシは逃げていく。**

カブトムシは角でクワガタムシを投げ飛ばすことができるが、クワガタムシは大きな顎ではさんで、たとえカブトムシの固い装甲に穴を空けることができたとしても、カブトムシを撃退することはできない。

クワガタムシもまた、ナンバー2では生きていけないのである。

ナンバー2という戦略

自然界ではナンバー１でなければ生き残ることができない。

しかし、人間の世界はナンバー２であっても、生き残ることはできる。オリンピックであればナンバー２は銀メダリストとして称えられる。

そのため、人間の世界では「ナンバー２」という存在が価値を持っているのが面白いところだ。

たとえば、カブトムシにやられっぱなしのクワガタムシは、もし同じニッチで戦っていたとすれば、存在することができない。しかし、人間にとってはクワガタムシはカブトムシの永遠のライバルとして人気がある。

世の中には、一番が嫌いな人もいて、巨人という強い球団があると、「アンチ巨人」という集団もできる。

シェアが一位の商品に対しては、シェアが二位の商品も人気を保つのである。

ナンバー3の戦略

クワガタムシでさえもかなわないとすれば、もっと弱い昆虫たちはどうすれば良いのだろう。

これは、もうまともに戦ってはいけない。ナンバー1とナンバー2がしのぎを削って戦っている土俵から、早く逃れなければならないのだ。

そして、激しい勝負が行われている土俵の外にこそ、勝機があるのだ。

カナブンもまた、カブトムシやクワガタムシと同じように木の樹液に集まる昆虫である。カナブンはカブトムシにもクワガタムシにもかなわない。そのため、カブトムシやクワガタムシが夕方から朝にかけて活動するのに対して、カナブンは昼間にエサ場に集まる。

もちろん、カブトムシやクワガタムシが夜に活動をするのには理由がある。

昼間は天敵の鳥がいるので、鳥のいない夜を選んで活動をしているのである。

カナブンの活動する昼間は、カブトムシはいないが天敵の鳥がいる。

そのため、カナブンはキラキラと輝く羽で鳥を惑わし、身を守るように工夫している。

自分のいるポジションによって、取るべき戦略が異なってくるのだ。

地域ナンバー１戦略

ライオンとトラはどちらが強いだろうか。

夢のような対決だが、残念ながら自然界でライオンとトラが戦うことはない。

ライオンが生息しているのはアフリカや西アジアのサバンナである。一方のトラは、ユーラシア大陸東側の森林地帯だ。地域も環境も異なるから、ライオンとトラとは出会うことができないのだ。

自然界では、ライオンとトラは、戦うことはありえないし、戦う必要もない。

いや、もしかするとライオンの祖先とトラの祖先は、戦いの末に、それぞれがナンバー１になれるニッチを分け合ったのかもしれない。

いずれにしても、ライオンやトラのような強い動物でさえも、ナンバー１になれる地域だけで暮らしている。このような限られたエリアでナンバー１になることは、ナンバー１でいられる有効な手段なのだ。

ネコ科の肉食獣というニッチでは、たとえば北アメリカの岩場にはピューマがいるし、南アメリカのジャングルにはジャガーがいる。

【 自然界では、ライオンとトラは戦わない 】

それぞれ生息場所や生息環境が異なるのだから、どちらが強いとか、差別化を意識する必要はまったくない。**ライオンがトラの縞模様を気にする必要はないし、トラがライオンのたてがみを欲しがる必要もない。ライオンはサバンナに、トラは森林に適応していけば良いだけの話だ。**

テーマパークといえば、東京ディズニーランドとユニバーサルスタジオジャパン（USJ）がライバル視される。かつてUSJは「ディズニー」の世界観に対して、ハリウッド映画の世界観を前面に出して差別化を図っていた。そして、東京ディズニーランドがファミリー層や若年層に人気があるのに対して、こだわりのある大人をターゲットとして棲み分けようとしていたのである。

しかし、首都圏にある東京ディズニーランドと、関西圏にあるＵＳＪとでは、そもそも商圏が異なる。そこでＵＳＪは、東京ディズニーランドと差別化することなく、ファミリー向けのエリアを作り、子どもに人気のキャラクターも次々に登場させた。そして、ハリウッド映画にこだわらず誰もが楽しめるエンターテインメントパークを目指したのである。

その結果、赤字だったＵＳＪはＶ字回復し、その人気は東京ディズニーランドをしのぐほどになっている。さらに最近では楽しむことに長《た》けた大阪らしさも出しながら、エンターテインメントに磨きをかけている。

ＵＳＪは「ハリウッドらしさ」ではなく、「大阪らしさ」で勝負して成功したのである。

ハウステンボスもＶ字回復を遂げたテーマパークである。

東京からのアクセスが不便という不利な立地で集客の伸びなかったハウステンボスだが、アジアからはとても近い位置にある。その立地を活かしてアジアからのインバウンドの観光客で賑わっている。ハウステンボスはオランダの町並みを模した景観が特徴だが、アジアの人々にとっては、ヨーロッパはまだまだ遠い国である。そのヨーロッパの雰囲気を気軽に体験できると人気なのである。現在では、アジアの観光客を意識して、海外でも人気のアニメの世界観を取り入れるなど、工夫している。

このように商圏が異なれば、競う必要はない。
ライオンとトラは戦う必要がないのである。

地域を絞る

ナンバー1になるためには、エリアを絞り、ライバルとなわばりをずらすという方法も効果的だ。

生き物の世界では、地域によって暮らしている生き物が違うということが多い。

たとえば、日本の本州にはツキノワグマ、北海道にはヒグマがいる。

北アメリカに行けばアメリカグマがいるし、東南アジアに行けばマレーグマがいる。北極にはホッキョクグマがいる。地域によって種類が決まってくるのだ。

あるいは、先述のトラもシベリアから熱帯アジアまで分布域は広いが、寒帯にはアムールトラがおり、インドネシアの森林にはスマトラトラ、インドにはベンガルトラが生息している。これらのトラの種類は、同じトラという生物種ではあるが、地域の環境に合わせて少しずつ変化しているので「亜種」として区別されている。

広い範囲で君臨しているトラも、地域のナンバー1になるためにカスタマイズしているのだ。

カップうどんやカップそばなどのインスタント食品やコンビニの惣菜《そうざい》などは、地域によって味を変化させることがあるが、地域を絞るということは、もっとも簡単な絞り方だ。

Ｊリーグが良い例だろう。

人気の高かった野球に比べて、あまり人気のなかったサッカーは、地域に根ざした球団作りを目指した。そして、プロ野球球団のなかった地方都市に次々とプロのクラブを作っていったのである。今や、ＪリーグはＪ１からＪ３まで五五クラブ。Ｊリーグ入りを目指すクラブもたくさんあって、各地で盛り上がりを見せている。すべてのクラブが地域でナンバー１なのだ。

かつてプロ野球は巨人を中心として、東京の巨人に対抗する関西の阪神タイガースや名古屋の中日ドラゴンズ、広島カープなどはまだ人気があったが、ヤクルトスワローズや大洋ホエールズなどの首都圏の在京球団は、巨人の陰に隠れていた。ましてやパ・リーグは球場に閑古鳥《かんこどり》が鳴く始末だった。

しかし、パ・リーグの日本ハムファイターズは北海道に拠点を移し、東北には東北楽天イーグルスが誕生した。また、在京軍団と呼ばれていたチームも千葉ロッテマリーンズや埼玉西武ライオンズというように、地域の球団となって人気を得ている。

「地方再生」や「地方創生」という言葉が飛び交い、何か、地方というのが不利で恵まれない存在のように思う方が多いかもしれないが、そうではない。**ナンバー1を目指すのであれば、いきなり全国を目指すよりも、地方や地域でナンバー1を目指すほうがよほど効果的だ。**

今や全国的に有名なブランドも、最初は地域ナンバー1だったということは、珍しくないのである。

「限定」で勝負する

もっと、地域をしぼり込んだらどうだろう。

エリアを絞れば活路が見えてくる。

業界トップの年商一〇〇〇億円「なんでも酒やカクヤス」の始まりは小さな酒屋だった。大規模なディスカウントストアが進出してくるが、価格では勝つことができない。大型の駐車場もなければ、品揃えのある大量陳列もできない。

カクヤスの敷地は四〇坪しかなく、車の出入りもしにくい立地だったのである。

大きさで勝負できないのであれば、小ささで勝負である。

カクヤスは自転車で配達ができる一・二キロメートルを配達範囲として、「二時間以内に一本から無料で配達」を始めた。このようなきめの細かいサービスはとても大量販売をする店では、マネをすることができない。

その後、カクヤスは事業を拡大していったが、それは商圏一・二キロメートルの店舗を増やしていくというモデルであった。

ドラッグストアのコスモス薬品も、その戦略は地域限定だ。これまで大型店舗は大商圏に立地し、小商圏には小さなドラッグストアが出店していた。しかし、コスモス薬品は、他の企業が入り込まないような小商圏にしぼり込んで、大型店舗を出店するという独自の戦略で大手と差別化した。そして、他の企業が競争している間をぬって急成長を遂げているのである。

ガラパゴスという戦略

「ガラケー」は、「ガラパゴス携帯」という意味である。

進化学者のチャールズ・ダーウィンはビーグル号に乗って、ガラパゴス諸島を訪れた。

そして生き物たちが、それぞれの島の環境に適応して変化しているようすを目《ま》の当たりにするのである。この観察によってダーウィンは進化論の着想にたどりついたとされている。

たとえば、フィンチという鳥は、種子を食べるように進化したものは、くちばしが太くがっしりとしている。サボテンを食べるフィンチは、サボテンを食べやすいように湾曲している。そして、虫をエサにするフィンチは、細いくちばしをしている。このように環境に適応して、くちばしの形が最適化されているのである。

島の環境に合わせて適応するのは、まさに地域ナンバー1の固有種の戦略である。ガラパゴス化することは、生き物がナンバー1になる上で重要な戦略だ。

大陸から遠く離れたガラパゴス諸島で独自の進化が進んだように、日本という独自の環境の中で、最適化があまりに進むと、世界とはかけ離れた進化が進む。すると、世界の商品との互換性を失い、世界の市場の中で孤立化してしまうのだ。

日本の中にも十分な市場はあるから、日本という市場の中で、最適化することは悪いことではない。しかし、今やグローバルな時代である。ガラケーがスマートフォンに席巻されてしまったように、分野によっては、ガラパゴス化は危険な進化といえるだろう。

現在は、あまりに変化が急激で大きい。そして、変化は世界規模で起こる。

これはビジネスの世界だけでなく、生物の世界も同じである。

海外との物流が盛んになる中で、海外からさまざまな外来生物が日本にやってくる。世界的なレベルで生物どうしの争いが激しくなっているのである。

特定の国や特定の地域のみに生息する生物種を「固有種」と呼ぶのに対して、世界を股《また》にかけて世界のあらゆるところに生息する生物は「コスモポリタン（広域分布種）」と呼ばれている。

「世界」を舞台にしたとき、コスモポリタンはどのような戦略をとっているのか。

これについては、二二一ページ以降で紹介することにしよう。

ガラパゴスの強み

島という限られた環境に適応し、世界とかけ離れたガラパゴスの進化は、大陸との競争に弱いという決定的な課題がある。

島の外に比べて、島の内側だけでは競争相手が限られているため、激しい競争にさらされないまま、進化を遂げてしまうのだ。

しかし、ガラパゴスにも強みがある。

それは、競争が少ない分、環境と向き合って、環境に対してより良い進化やより正しい

進化を遂げることができるという点にある。ライバルや競争相手がいる環境では、競争に勝つことが進化の条件になる。そのため、相手に勝つために、余計な方向に進化が進んでしまうことがある。これに対して、ガラパゴスでは、「環境に適応する」方向で進化が進んでいくのだ。

そして、ガラパゴスの最大の強みは、世界の常識にとらわれないオリジナリティあふれる進化だ。

たとえば、草を食《は》む大きな動物といえば何だろう。ウシだろうか、ウマだろうか。それとも、サイだろうか。ガラパゴス諸島では、それは巨大なカメである。ガラパゴスでは、ゾウガメがウシやシカの代わりに草を食んでいるのだ。誰が、草食動物と聞いて、カメを思いついただろう。

ペンギンは南極にいるものと誰もが思っている。しかし、赤道下に位置するガラパゴス諸島には、熱帯に棲むペンギンがいる。

ガラパゴスに棲むウという鳥は飛べない。飛べないのではない、飛ぶ必要がないから飛ばない進化をしたのだ。

残念ながら、強さや速さを競う競争の中で、島の生物は大陸からやってきた生物たちに追いやられている。

しかし、もしビジネスの世界が、強さや速さを競う競争ではなく、オリジナリティや独創性を競う場であるとするならば、**ガラパゴスの発想は、これ以上ない強みを世界に見せつけるはずである。**

ナンバー1になる四つの方法

「ナンバー1になれるオンリー1の場所」はどのようにすれば得られるのだろうか。

たとえば、二軒のパン屋さんがあったとして考えてみよう。

一つは、誰もが思う「ものさし」で**単純なナンバー1**になる方法である。

たとえば、商品を選ぶ基準の一つは価格である。

片方のパン屋さんは値段が安い。もう片方のパン屋さんは同じようなパンを売っているのに値段が高い。この「価格」を争う競争では、値段が安いパン屋さんが勝ち残り、値段が高いパン屋さんはつぶれてしまうことだろう。

それでは、これならどうだろう。

片方のパン屋さんは値段が安い。もう片方のパン屋さんは値段が高い。しかし、原料や酵母にこだわっている。これならば、「値段が安いナンバー1」と「品質の良さナンバー1」

という棲み分けができることだろう。

これはどうだろう。片方のパン屋さんは駅に近い。もう片方のパン屋さんは駅から遠い。「駅からの距離」という競争では、勝ち負けがはっきりしてしまう。

しかし、競争の世界ではトレードオフが発生しやすい。つまり、ある部分を高めれば、別のある部分は低下する。

たとえば、価格を安くするということは、どうしても材料費を抑えなければならない。品質で勝負することは難しくなってくるのだ。

つまり、駅から近いということも、どこかではマイナス面がある。その代わり駅から遠いという条件にもプラスの面があるはずだ。

「トレードオフを利用する」ということもナンバー1になる有効な方法だ。それでは、これならどうだろう。

片方のパン屋さんは駅に近い。もう片方のパン屋さんは駅から遠いが駐車場が広い。あるいは、広い敷地を利用して品揃えを多くすることもできる。

こうすれば、駅から近いパン屋さんと駅から遠いパン屋さんが、ナンバー1を分け合うことができるのである。

あるものを得れば、あるものを失ってしまう。あるものを捨てれば、あるものを得ることができる。これがトレードオフである。何かがないということは、何かがあるということなのだ。


パン屋さんが二軒しかなければ、単純なナンバー１を分け合うことができる。

もし、たくさんのパン屋さんが乱立して激戦区となったら、どうだろう。

価格とか、品質とか、駅からの距離とか、駐車場の広さという「数字」で比較できるような項目でナンバー１を競い合うのは大変である。たとえ、ナンバー１になったとしても、ナンバー１を守り続けるための激しい競争をし続けなければならない。

ナンバー１というのは、ピラミッドの頂点である。

しかし、誰もがナンバー１を目指すと、価格の安いものや品質の良いものであふれてくる。すると、逆三角形のような形になり、ピラミッドの底辺のほうがレアな価値を持つことがある。


「人の行く裏に道あり花の山」の格言どおり、誰もが目指す競争の反対方向にナンバー１があることがあるのである。

たとえば、どのパン屋さんもライバル店にはない新商品を出し続けると、昔ながらの「あ

【 反対方向のナンバー１ 】

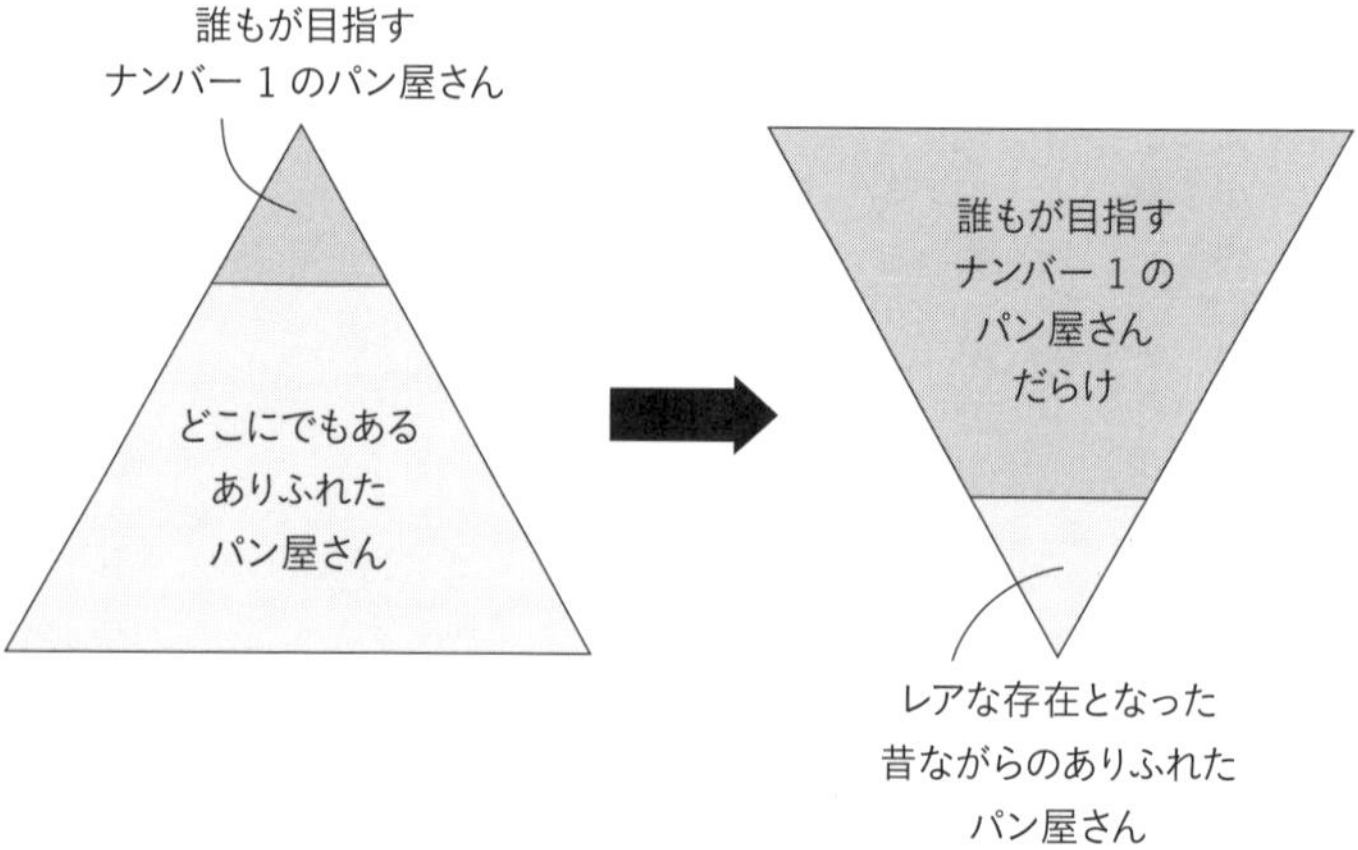

んパン」がなつかしい味として希少価値を持つ。

焼きたてのやわらかいパンばかりだったとしたら、ヨーロッパのような固くて日持ちがするパンを欲しがる人もいるだろう。

利便性の高い駅前がパン屋激戦区となれば、駅から離れた住宅地の中に看板も出さずにひっそりとあるパン屋さんが人気になったりする。車でドライブしないとたどりつけないような山の中のパン屋さんに行列ができるかも知れない。

パンの数は品揃えが多いほうがいい。しかし、逆に品揃えを絞ってメロンパン専門店とか、カレーパンが自慢の店とスペシャリストに特化するという方法もあるだろう。

このような**反対方向のナンバー１**も立派

なナンバー1なのだ。

パン屋さんの数がもっと増えていくとどうだろう。数字で比較できる項目は正の方向と負の方向にそれぞれナンバー1がある。しかし、それではナンバー1になる店は限られてしまう。

必要になるのは、**独自のものさしでナンバー1**になるということだ。

たとえば、焼きたてパンの店とか、無添加とか、数字で表すのではなく、「質的な違い」で差別化する必要がある。

焼きたてにナンバー1やナンバー2はない。もし、「焼きたて」を売りにするパン屋が他になければ、それだけでナンバー1になれる。

ただし、**「数字」で比較できないものは、勝負がつきにくいかわりに差別化も明確ではない。そのため、簡単にマネされてしまうという問題がある。**

「焼きたて」や「無添加」は簡単にマネされる。

マネされないためには、それが技術的に難しいとか、独自のノウハウを必要とするとか、障壁や困難性も持っていることが必要となる。

そうすれば、「独自のものさしでナンバー1」という地位を確保することができるだろう。

【勝ち負けがわかりやすいものは、負けて滅びるリスクがある。
勝ち負けがわかりにくいものは、マネされるリスクがある】

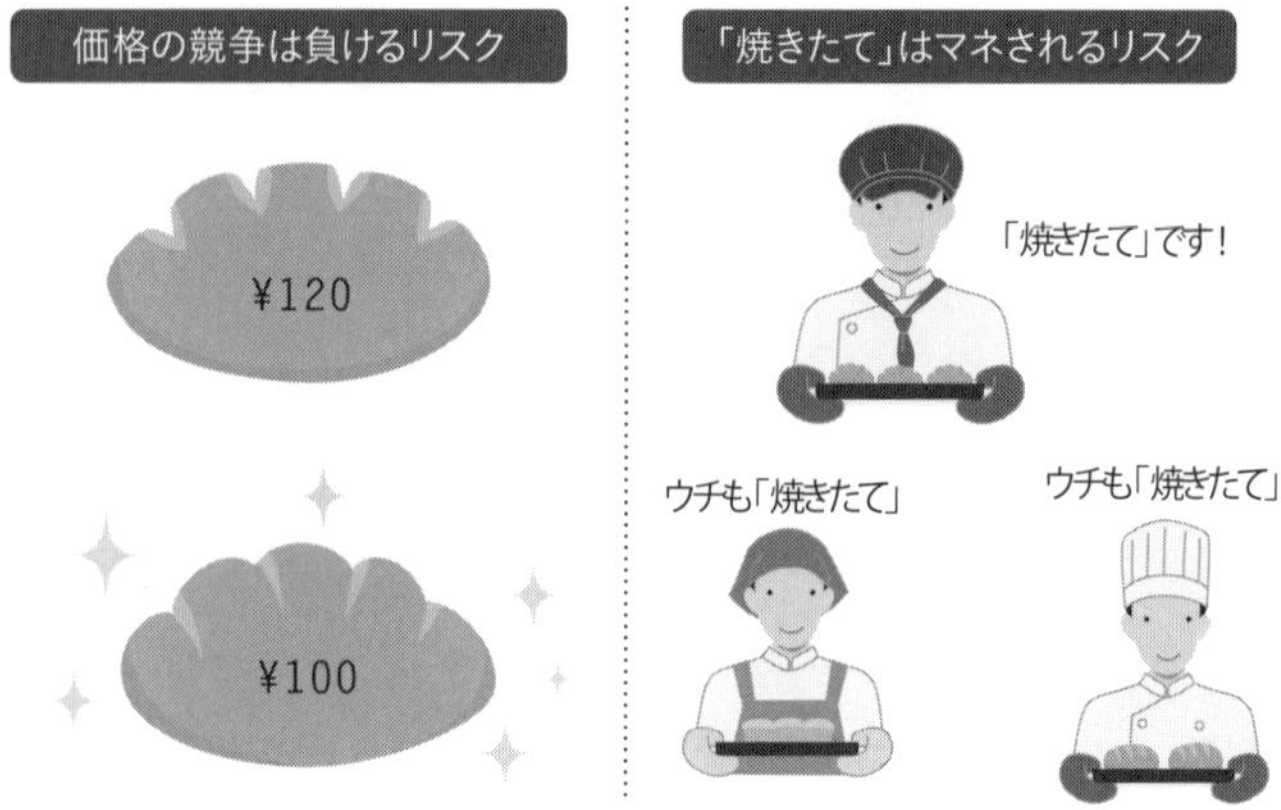
価格の競争は負けるリスク
¥120
¥100
「焼きたて」はマネされるリスク
「焼きたて」です！
ウチも「焼きたて」
ウチも「焼きたて」

数字で競い合うことのできる競争が、横軸や縦軸という二次元の中で競い合ったり、ポジショニングしているとすれば、「独自のものさし」は三次元の中で立体的にさまざまな方向から軸を引いているイメージとなる。

これに対して、競い合うことのできない「別次元」で差別化するという方法もある。

たとえば、「かわいらしい装飾のパン屋さん」と「無口なパン職人が焼き上げるパン屋さん」は、どちらが優れているとか、劣っているという問題ではないだろう。おしゃれなパン屋さんを好む客もいれば、無口な職人を好む客もいる。感性の問題である。

もはやそこには、ものさしは存在しない。

確かに「おしゃれ」というだけでパン屋さんを選ぶ人は限られるかも知れない。しかし、その限られた人にとって、そのお店は間違いなくナンバー1である。このように別次元の**独自の世界でナンバー1になる**のもナンバー1になる方法の一つだ。

パン屋さんであれば、こうしてさまざまな方法でナンバー1になれるオンリー1の場所を目指すことだろう。

生物も同じである。

いずれの方法を選択するにしても、とにかくナンバー1になることが不可欠なのだ。そして、ナンバー1になるための根っこにあるのは「ずらす」という戦略である。

単純な競争をすれば、勝ち負けがはっきりしてしまう。

生物の世界では、勝ち負けがはっきりすれば、負けたほうは滅びるしかない。だから、できるだけ戦わずにずらすのである。

それでは、生物たちはどのようにして、ナンバー1になっているのだろうか。生物の世界を見てみることにしよう。

チーターのナンバー1戦略

世界一、足が速い動物は何だろう。

それは、チーターである。

チーターは時速一〇〇キロメートルを超える速さで走ることができる。

世界一、足が速い。これは、わかりやすくナンバー1であり、オンリー1である。

しかし、物事にはトレードオフがある。あちらを立てれば、こちらが立たず。世界一のスピードを手に入れるためには、失うものもある。


チーターにも弱点はある。

チーターはスピードを手に入れるために、体重を軽量化させた。そのため、他の動物と戦う能力に欠けるのである。チーターは自慢のスピードで、狩りの成功率は高い。しかし、他の肉食動物との争いに弱いので、せっかく狩った獲物を横取りされてしまうことも多いのだ。しかも、頭部を小さく進化させたので、嚙む力が弱い。猛獣というには、あまりにか弱いのだ。

チーターが世界一のスピードと引き換えに失ったものは、小さくないようだ。

わかりやすくナンバー1になれば良いというものでもない。自然界は複雑である。あまりに単純な目標や戦略は、功を奏しないのだ。

▼一番手の法則

世界一足が速い動物はチーターである。

それでは、二番目に速い動物は何だろう。

マーケティングの世界では、「一番手の法則」というものがある。

アル・ライズとジャック・トラウトの著書『売れるもマーケ 当たるもマーケ マーケティング22の法則』(東急エージェンシー出版部)では、こんな例で説明されている。

「世界で最初に大西洋を単独で横断飛行したのはリンドバーグであることは、誰でも知っているが、二番目に成功した人の名前は知られていない」

二番目に大西洋を単独横断飛行をしたバート・ヒンクラーはリンドバーグよりも腕のあるパイロットであり、リンドバーグよりも短時間で、少ない燃料で大西洋を横断したという。

この例から、他より優れているということよりも、一番であることが重要といわれているのである。

確かに、日本で一番高い山が富士山であることは子どもでも知っているが、二番目が北岳であることを知っている人は少ない。一番目と二番目では大きな差があるのである。

これは、「ナンバー1でなければ生き残れない」という自然界の法則ともよく一致している。

しかし、注意しなければならないのは、自然界にはナンバー1になる方法はいくらでもあるということだ。

「世界一、速い動物」というナンバー1はあまりにもわかりやすく、あまりにも単純である。消費者に訴求することが求められるマーケティングの世界であれば、わかりやすく単純なナンバー1が必要である。しかし、チーターを見る限り、生き残りをかけた生存戦略の中では、単純なナンバー1は、リスクも大きい。

速く走るということは、追ったり追われたりする中で、さまざまな動物が身につけている能力である。その速く走る動物の中で、ダントツのナンバー1を獲得しようとすれば、失うものも大きいのだ。

ちなみに二番目に速い生き物は、北アメリカに生息するプロングホーンという草食動物である。プロングホーンは時速九〇キロメートルを超える速度で走ることができる。しかもチーターと違い持続力があり、時速七〇キロメートルの速さであれば、何キロも走り続けることができるという。天敵のコヨーテは、この圧倒的なスピードにとても付いていくことができない。そのため、プロングホーンが全力で走ることはほとんどないという。

言ってみれば、無駄に速い走力なのだ。

どうして、こんなに無駄に速いのだろうか。

じつは、その昔は北アメリカにもチーターが分布していた。そのためプロングホーンは、チーターから逃れるために、このスピードを手に入れたのだ。ところが、スタミナに劣るチーターは、北アメリカでは絶滅をしてしまった。そして、ライバルであるチーターと競った名残として、世界で二番目に速いプロングホーンの走力が残されたのである。

ナンバー１を競い合う競争は、勝者も敗者もどこかむなしいのだ。

▼チーターからガゼルが逃げられる理由

動物の中でもっとも走るスピードが速いのがチーターである。

チーターの走る速度は、時速一〇〇キロメートルを上回るというから、脅威のスピードである。

これに対して、獲物となるガゼルのスピードは、時速七〇キロメートルに過ぎない。これでは、とてもチーターから逃げ切ることはできない。

ところが、これだけ圧倒的なスピードの差があるにもかかわらず、チーターの狩りの成功率は七割しかないという。驚くべきことに、三割のガゼルは、時速一〇〇キロメートルのチーターから見事に逃げ切っているのだ。

ガゼルは、どのようにしてチーターから逃げ切っているのだろうか？

チーターに追われると、ガゼルは巧みなステップで飛び跳ねながら、ジグザグに走って逃げる。そして、ときには、クイックターンをして方向転換をする。

チーターは直線では最高速度を発揮するが、こうして、ジグザグに走るガゼルを追いかけようとすると、最高速度で追いかけることができないのである。

もちろん、ジグザグに走ったり、クイックターンをしていれば、ガゼルもまた自らの最高速度を出すことはできない。しかし、単純な直線距離の競争では、ガゼルがチーターに勝てる見込みは万に一つもない。走り方を複雑にすると、チーターもガゼルも、本来の最高速度を出すことができないが、そうして競争を複雑にすることによって、弱者のガゼルがチーターに走り勝つ可能性が出てくるのである。

スピードが速いものが勝つとは限らない。

戦う方法はいくらでもあるのだ。

キリンという敗者の戦略

▼キリンは敗者だった？

すでに紹介したように、サバンナの草食動物は、食べる草の位置をずらしながら、棲み分けを行っていた。

しかし、みんなが仲良くしているわけではない。

この棲み分けの中に入れなかった草食動物は居場所を失い、絶滅をしているのだ。

実際にキリンの仲間であるシバテリウムは、おそらくは他の草食動物とのニッチ争いに敗れて絶滅してしまった。

キリンの祖先は、パレオトラグスというシカのような草食動物だったが、そこからキリンとシバテリウムが進化を遂げた。そして、**キリンは長い首で高い木の葉を食べるという差別化に成功したのに対して、草を食べる進化を選んだシバテリウムは、現在では、古い化石でしか見ることができないのである。**

▼首の長い戦略

サバンナの草食動物の中でもキリンは、独自のニッチを獲得しているように見える。他の草食動物が、地面から生える草を食べているのに対して、キリンは誰に邪魔をされるわけではなく悠々《ゆうゆう》と高い木の葉を食べている。

しかし、高い木の葉を食べるというアイデアだけでは、ニッチを獲得することはできない。

首を長くするためには、地上四、五メートルはある頭の高さまで血液を押し上げる強力な心臓が必要になる。また、木の葉を独占できるとはいえ、体を巨大化するために大量のエサが必要となる。さらに、地面の水を飲むときには、体勢を崩し、肉食動物に狙われやすいというリスクもある。

さまざまな困難やコスト、リスクを乗り越えて、キリンは独自のニッチを獲得しているのだ。

首が長いという見た目の特徴だけをうらやんでマネしてはいけない。

あるいは、砂漠にはライバルがいないからという理由だけで、砂漠に進出してはいけない。

キリンもラクダも、動物たちはニッチを獲得するために、さまざまな能力を発達させ、さまざまな工夫をしているのだ。

巨大なゾウのナンバー1戦略

サイズを大きくするというのは、わかりやすいナンバー1戦略である。

体が大きければ、強い生き物として振る舞うことができる。天敵にも襲われにくくなるだろう。

陸上で最大の動物は、ゾウである。

ゾウはあまりに巨大なので、ライオンなどの猛獣もゾウを襲うことはできない。

ゾウの祖先は、長い鼻は持っておらず、足の短いブタのような動物であったと考えられている。

ゾウの祖先は森林に棲んでいたと考えられている。ところが、森林が失われ草原が広がり始めると、ゾウは姿を隠すことができなくなった。そこで、敵から身を守るために、ゾウは体を大きくしていったのだ。

ところが、体を大きくすると頭の位置が高くなってしまう。そのため、地面に生えている草原の草を食べたり、水辺で水を飲むときに口が届かなくなってしまう。足を曲げて座

【 絶滅したシャベル象の想像図 】

り込んで草を食べたり、水を飲んだりすれば良いようにも思えるが、そんな無防備な姿でいれば、草原ではたちまち肉食動物の餌食になってしまう。

そのため、立ったまま草を食べたり、水を飲んだりしたいのだ。

シカやウマなどの草食動物は、首を長くすることで、それを実現した。

しかし、ゾウは首が短いままである。その代わり、まったく別のアイデアで、地面に口をつける方法にたどりついた。

古い時代のゾウの仲間であるプラティベロドンやアメベロドンはシャベル象と呼ばれている。

じつは、口全体を長くするという画期的なアイデアで、シャベルのような口で地面の草を食べたり、水を飲んだりするということを実現したのである。

しかし、口全体を伸ばすのではなく、長い鼻を器用に動かして、エサを食べたり、水を飲んだりできるゾウが現れた。

すると、**エサを効率よく食べることのできるゾウとの競争に負けてシャベル象は絶滅の憂《う》き目にあってしまったのである。**

大きい体を持つためには、それなりの工夫が必要となるのだ。

クジラのスケール戦略

地球で最大の哺乳類はクジラである。

それでは、クジラは最強の動物なのだろうか。

体が大きいということは、大きな体を維持するためのコストが必要になる。そのため、クジラは移動しながら、常に大量のエサを食べなければ維持ができない。

クジラが巨大な体を持つようになったのは、四百五十万年前のことであったと言われている。最初の人類といわれるアウストラロピテクスの化石が三百～四百万年前と言われているから、生物の進化を考えれば最近のことである。

どうして、クジラは巨大化したのだろうか。

じつは、この時期にクジラのエサが大量に発生するようになったと考えられている。クジラはオキアミなどの動物プランクトンをエサにする。この時期には温暖化で氷河が溶け出し、栄養分の豊富な水が海へ流出した。そして、プランクトンが大量発生したのである。

この大量のエサによって、クジラは巨大化した。

エサが豊富だからといって、大量に食べなければならないわけではない。体が大きくなければならないというわけではない。

しかし、クジラは体を大きくする選択をした。体を大きくすると、大量のエサが必要になる。ところが、エサが大量発生する場所は、季節によって移動する。大海原《おおうなばら》を移動するためには、体が大きいほうが有利となる。そこで、クジラの体はさらに巨大化していった。こうして大量のエサを食べて、体を大きくし、海原を移動して、また大量のエサを食べるという、巨大な動物が誕生したのである。

現在、環境の変化により、クジラにとって食べ放題のエサ場が限られつつある。それでもクジラはエサを求めて泳ぎ続けなければならない。

それが、大きな体を持ったクジラの宿命なのである。

そして恐竜は滅んだ

激しい生存競争に打ち勝つ上で、体が大きいということは有利である。

かつて「大きいことはいいことだ」と言われた時代が確かにあった。

恐竜の時代である。

植物は草食恐竜から身を守らなければならない。そこで大きな木となれば、草食恐竜の食害から身を守ることができる。草食恐竜のほうも食べなければ死んでしまうから、体を大きくしてゆく。体を大きくすることは、さらに良いこともある。体が大きければ肉食恐竜に襲われにくくなるのだ。

肉食恐竜もまた、食べなければ死んでしまうから、体を大きくする他ない。体が大きくなれば大量のエサが必要になる。とはいえ、体が大きければ、獲物を捕らえやすくなる。体の大きな草食恐竜を捕らえることができれば、大量のエサを確保することができるのだ。

しかし、「大きいことはいいことだ」というには、ある条件が必要となる。

それは、安定した環境であるということである。

三十八億年に及ぶ生命の歴史を顧《かえり》みると、生命は何度も危機的な大絶滅を経験している。もっとも印象的な事件は恐竜の絶滅であろう。

恐竜の絶滅のシナリオは明確ではないが、地球に隕石《いんせき》が衝突し、その影響で地球の環境が劇的に変化したことが原因であると考えられている。

何しろ、大繁栄を遂げていた恐竜たちが一匹残らず、滅びてしまったのだから、壮絶な環境の変化があったのだろう。

しかし、恐竜が滅びたからといって、すべての生き物がいなくなったわけではない。恐竜の目を逃れて、夜行性に進化をしていた哺乳類が、その後の地球の支配者となっていった。しかし、周りを見回してみてほしい。

恐竜よりも劣る存在であったカエルなどの両生類も生き残っている。魚類も生き残っている。昆虫も生き残っている。カタツムリやダンゴムシもクラゲも生き残っている。多くの生物たちは、恐竜が絶滅するような危機を乗り越えたのである。

どうして、カエルやカタツムリなど、他愛もない生き物たちが、絶滅の危機を乗り越えたのに、恐竜が絶滅してしまったのだろう。

その一つは恐竜の巨大さにあった。

確かに恐竜が滅んだのは、隕石の衝突による劇的な環境変化によるとされているから、恐竜の進化が間違っていたわけではない。

しかし、小さなネズミのような存在だった哺乳類は生き残ったし、恐竜よりもずっと下等な存在であった両生類や魚類も生き残った。滅んだのは恐竜だけである。

かつて地球の支配者は間違いなく恐竜であった。

しかし、**巨大化した恐竜は、劇的な環境の変化に対応することができなかったということなのだ。そして、恐竜から逃れてひっそりと暮らしていた小さな生き物たちが、生き残ったのである。**

②反対方向のナンバー1

「小ささ」という戦略

大きいことは、生存競争を勝ち抜く上で有利である。

それでは、小さいことは、生存競争にとって不利なことなのだろうか。

たとえば、ネズミは小さく弱い生物である。しかし、小さいことは本当にダメなことなのだろうか。

哺乳類には「島の法則（アイランド・ルール）」と呼ばれる法則が存在する。

孤立化した小さな島では、シカやイノシシのような大きな動物は、大陸に棲む種類よりも、体が小さくなり矮小化《わいしょう》する。これに対して、ネズミやウサギのような小さな生物は、島に棲む種類のほうが、大陸に棲む種類よりも体のサイズが大きくなり巨大化するというのである。


この現象は、「島嶼化《とうしょ》」と呼ばれている。


どうして、このようなことが起こるのだろうか。

島嶼化の前提となるのは、天敵がいないということである。孤立化した島という環境は、大陸に比べると天敵が少ない。大型の動物は、天敵となる捕食動物から身を守るために、体を大きくしている。ところが、島では、その必要がないために、体のサイズが小さくなるのである。つまり、体を大きくすることが大型動物の戦略なのである。

それでは、ネズミやウサギが、天敵のいない環境で逆に体が大きくなるのはどうしてだろうか。

小さな動物は、敵に襲われれば物陰や小さな穴に逃げ込む。隠れるには、小さい体のほうが身を隠しやすい。だが、天敵がいない環境では体のサイズを大きくする、ということは、ネズミやウサギは天敵から逃れるために、わざわざ体のサイズを小さくしていたということなのである。

世界最大のネズミであるカピバラは、もともとは小さなネズミであったが、南米大陸に進出した時代に、有力な天敵がいなかったことから、体が大きくなったと考えられている。

つまり、体が小さいから狙われるのではなく、あえて体を小さくするという戦略を選んでいたのである。

「小さいこと」も、戦略のうちなのだ。

しかも、敵が大きければ大きいほど、「小さいこと」は身を守る武器となる。敵が大きければ、小さな物陰には入ってくることができない。しかも大きな敵は、小さな動物を見逃しやすい。

体の大きな動物は、体をより大きくして天敵に抵抗するほうがいい。しかし、小さな動物は天敵と張り合って、体を大きくするよりも、むしろ、さらに小さくなることが、生き残るための戦略なのである。

「大きくならない」という選択

大きい生き物は、強く偉大な存在に見える。

小さな生き物は、弱くつまらない存在に見える。

しかし、小さい生き物には、「小ささ」という武器がある。大きくなることが、必ずしも良いことであるとは限らない。むしろ、大きくなることは「小ささ」という強みを捨ててしまうことにもなりかねない。

ビジネスは、常に「大きくする」という誘惑がつきまとう。


売れている商品は、生産を増加させたくなる。しかし、希少価値があるから誰もが欲しがった商品は、商品が店にあふれた途端に、顧客に飽きられることもある。

売れている商品はラインアップを増やしたくなる。しかし、商品を増やしたり、商品をモデルチェンジすることによって、ファンが離れてしまうこともある。

人気のある小さな店が、全国展開したり、大型の百貨店やショッピングセンターに出店することによって、ブランド力を失ってしまうことがある。

生物は何となく大きかったり、小さかったりするわけではない。

大きい体も、小さい体も、すべて生物の戦略なのだ。

大きければいいというものでもない。小さければいいというわけでもない。どのサイズで勝負するかが、重要なのである。

植物のCSR戦略

ビジネスの世界やマーケティングの世界では、さまざまな「ものさし」を考えることができるかも知れない。しかし、生物の世界では、「独自のものさし」の選択肢は限られているようにも見える。

イギリスの生態学者であるジョン・フィリップ・グライムは、植物の成功戦略の要素には、CとSとRという三つの要素があると提唱した。この考え方はCSR戦略と呼ばれている。

Cは「コンペティティブ（競争力＝競争で勝ち抜く力）」である。これは、競争によって重要な要素であろう。しかし、競争に強いものが勝ち残るとは限らないところが、自然界の面白いところだ。

自然界には、「競争力」以外にも、生存競争を勝ち抜くためのものさしがある。それが、SとRである。

CSRは植物について提唱された要素であるが、他の生物やビジネスの世界でも一致しているようにも思える。

CSR戦略の二つ目のSは、「ストレス・トレランス（ストレス耐性力）」である。

ストレスというのは、生存に適さない不良な環境のことである。植物にとっては、光が不足したり、温度が低いことなどは、ストレスとなる。つまりは「困難な環境に耐えうる力」ということになるだろう。

たとえば、砂漠に生きるサボテンや、氷雪に耐える高山植物は、その典型である。砂漠や高山のような厳しい環境では、競争に強い植物が勝つとは限らない。とても競争をしている余裕などないから、むしろこのようなストレス環境に耐える力が必要となる。

このような過酷な環境をニッチにするためには、Sの要素が必要なのだ。

もう一つの「R」は「ルデラル」のことである。ルデラルは、「荒野に生きる」という意味があるが、日本語では「攪乱適応力」と訳される。**つまり、「変化に対応する力」である。**

この変化に適応する力については、Ⅱ章ですでに紹介した。

この予測不能な激しい環境に臨機応変に対応するという能力を高度に発達させたのが、私たちの身の回りにある「雑草」と呼ばれる植物である。

ここでは、過酷な環境をニッチとする「Sに強い」というものさしを持つ生き物に注目してみることにしよう。

あえて厳しい環境を選ぶラクダの戦略

植物では、サボテンがSの要素が強い典型であるとすれば、動物では、ラクダの仲間は、「S（ストレス耐性力）」を武器にニッチを獲得しているといえるだろう。

砂漠にはライバルも少なく、天敵も少ない。砂漠で生き抜くために、もっとも必要なことは、水のない環境に耐えられる「強さ」である。

もちろん、単に他の動物がいないところに行けば良いというものでもない。他の動物がいないのには、それなりの理由があるからだ。

水を必要としない生物はいない。砂漠を生息地にするには、それなりの覚悟と工夫が必要になるのだ。

ラクダのこぶも乾燥に耐えるための仕組みだ。ラクダのこぶは脂肪のかたまりである。蓄えたこの脂肪を栄養分とすることによって、ラクダは何日もの間、エサがなくても生きていけるのである。また、血液中に水分を蓄えるなどの仕組みで、水も節約するような特別な仕組みを発達させている。

【 ヒトコブラクダとフタコブラクダはニッチを分け合う 】

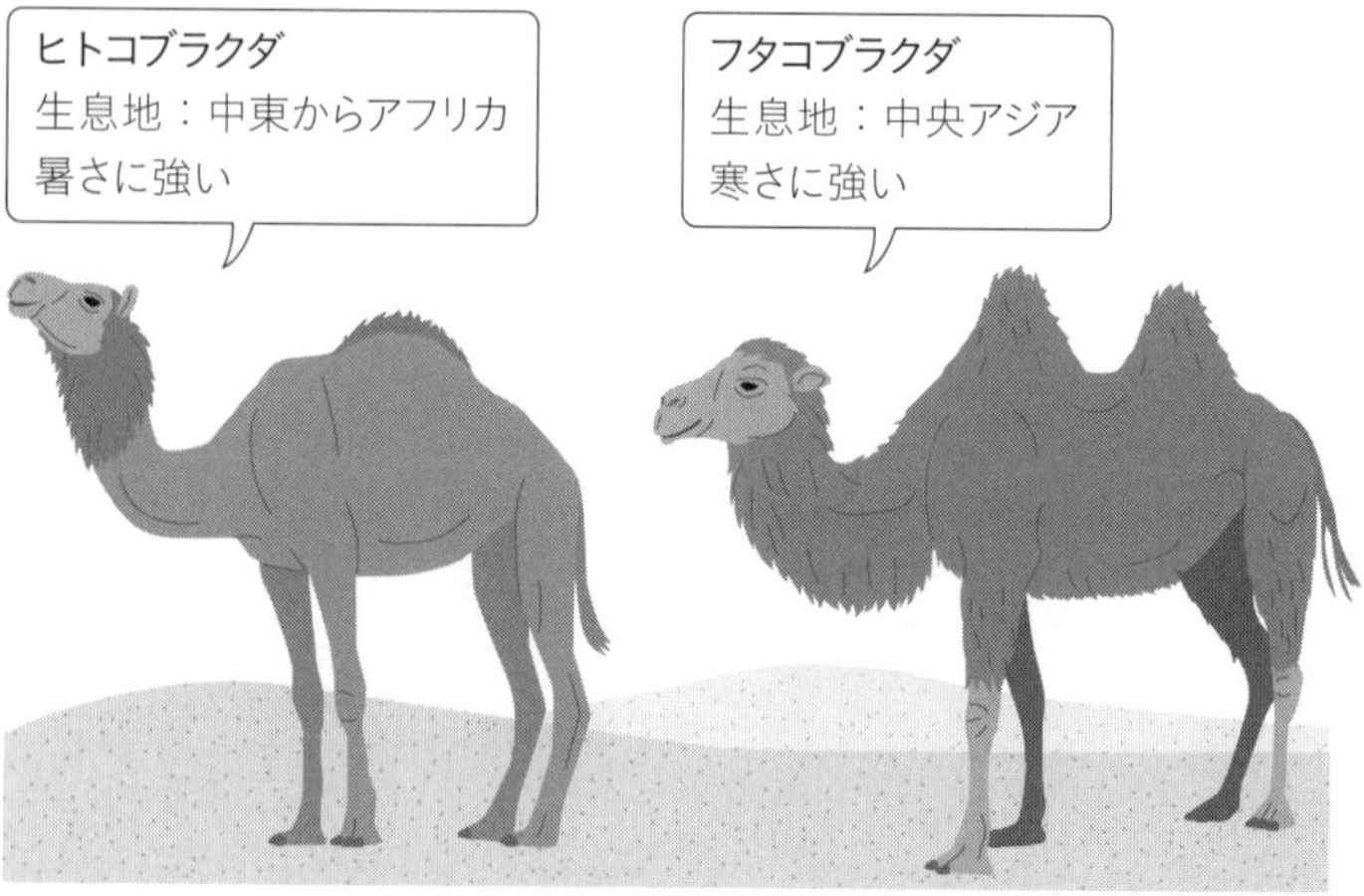

【 ラクダ類の歩み 】

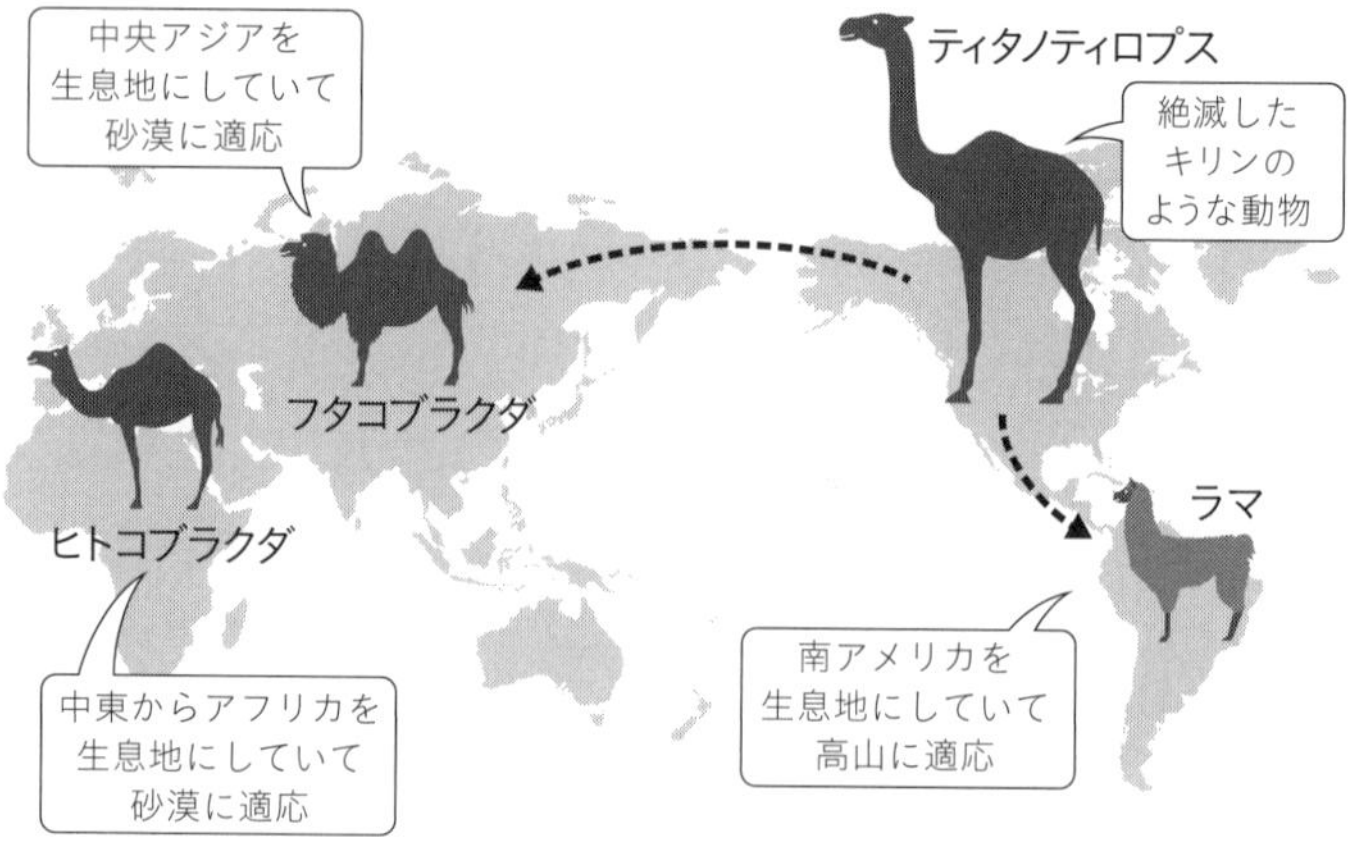

こんなにも、進化を遂げたラクダにとって、砂漠は、まさにオンリー1のナンバー1になれる場所である。

もっとも、砂漠に棲んだからといって、簡単にナンバー1になれるわけではない。

実際には、砂漠に棲むラクダは一種類ではない。

ラクダの仲間には背中にこぶが二つあるフタコブラクダとこぶが一つのヒトコブラクダとがいる。フタコブラクダとヒトコブラクダは争うことはないのだろうか。

フタコブラクダは、中央アジアを生息地にしていて寒さに強い。一方、ヒトコブラクダは中東からアフリカを生息地にしていて暑さに強い。

同じラクダの仲間であっても、ちゃんとニッチを分け合っているのだ。

ニッチに適応したラクダの仲間

砂漠という水のない厳しい環境を選んだラクダ。

一方、新大陸のラマは空気の薄い高山という環境を選んだ。

ラマは、標高二〇〇〇～四〇〇〇メートルの高山に棲んでいる。さらに高い標高三五〇〇～五〇〇〇メートルの高山にはアルパカが棲んでいる。

【 ラクダの仲間の分布 】

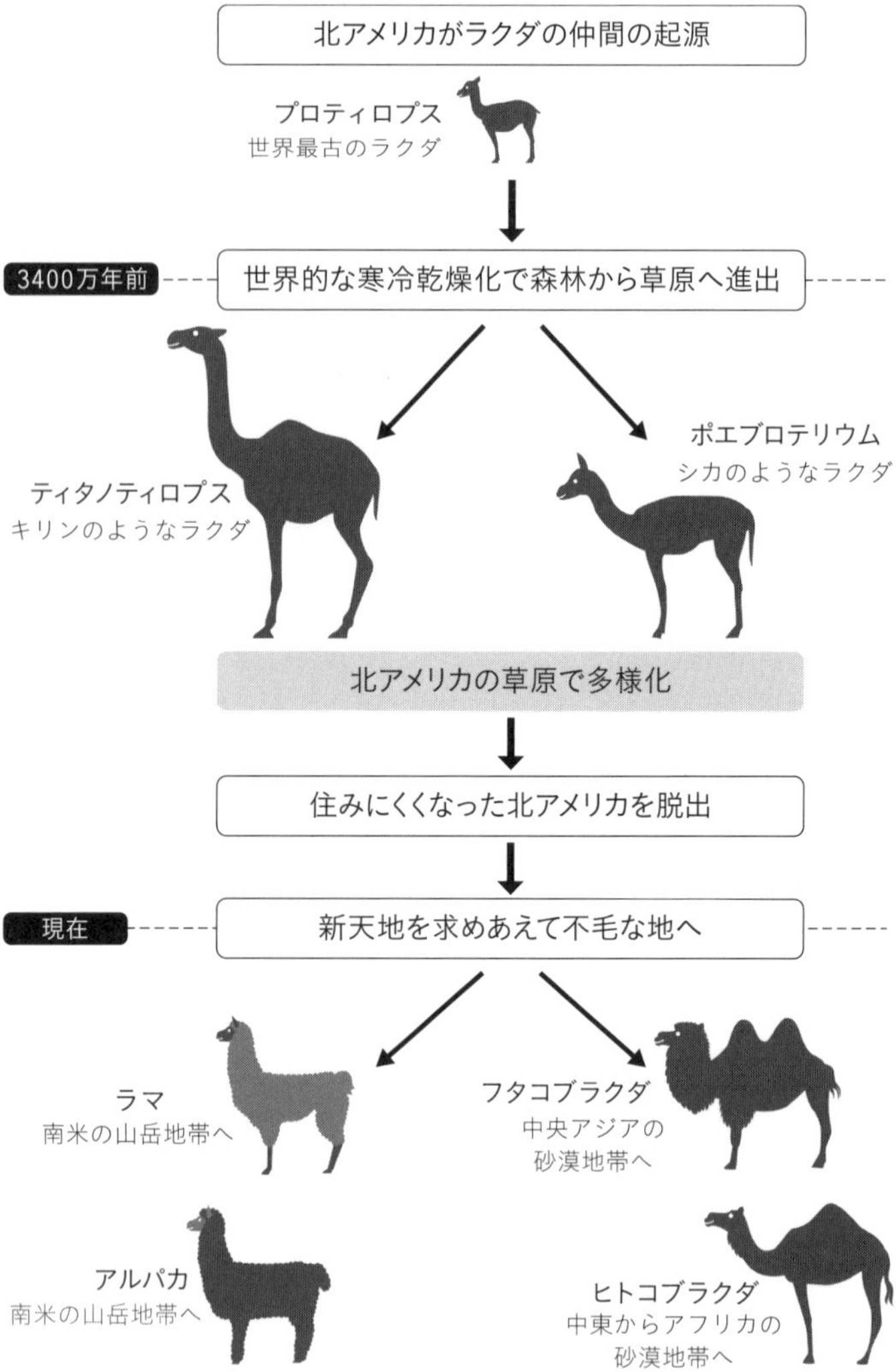
北アメリカがラクダの仲間の起源
プロティロプス
世界最古のラクダ
3400万年前
世界的な寒冷乾燥化で森林から草原へ進出
ティタノティロプス
キリンのようなラクダ
ポエブロテリウム
シカのようなラクダ
北アメリカの草原で多様化
住みにくくなった北アメリカを脱出
現在
新天地を求めあえて不毛な地へ
ラマ
南米の山岳地帯へ
フタコブラクダ
中央アジアの
砂漠地帯へ
アルパカ
南米の山岳地帯へ
ヒトコブラクダ
中東からアフリカの
砂漠地帯へ

ラクダの祖先は、プロティロプスという北米大陸に棲むウサギほどの大きさの小さな草食動物だったと考えられている。その後、森林が衰退し、草原が広がっていく中で、ラクダの仲間はポエブロテリウムというシカのような動物やティタノティロプスというキリンのような動物に進化を遂げた。しかし、**これらの生き物は、他の地域に進出していく中で、他の草食動物との競争を避けて、草食動物がいないような厳しい環境に適応していった。それが、砂漠に棲むラクダや、南米の高山に棲むラマやアルパカなのである。**

この「厳しい環境を選ぶ」という選択が功を奏し、ラクダの仲間は独自のニッチを手にした。一方、もともとの北米では他の草食動物との激しい競争の末なのか、ラクダの祖先は絶滅してしまったのである。

古いシステムで勝負する

シベリアやカナダの北方地帯に分布するタイガや、北海道のトドマツ林やエゾマツ林のように、緯度が高く、寒さの厳しい極地では、針葉樹の森が広がっている。

あるいは標高の高い高山では、ハイマツ林が広がる。マツの仲間のハイマツも針葉樹である。

針葉樹は植物の進化の歴史の中では古いタイプの植物である。そのため、新しいタイプの植物である広葉樹との競争に敗れ、寒い地域に追いやられているのだ。

しかし見方を変えれば、寒い地域では、広葉樹よりもむしろ針葉樹が有利に分布を広げていることになる。

どのようにして針葉樹は、強さを発揮しているのだろうか。

じつは、広葉樹も寒さに適応したシステムを身につけている。その一つが冬の葉を落とすという仕組みだ。葉は光合成をする器官ではあるが、光が弱く温度が低い環境では、光合成で稼ぐよりも、葉を維持するコストのほうがかかってしまったり、貴重な水が蒸散《じょうさん》してしまうというリスクがある。そのため、生産効率の悪い葉を落とすのである。

もっとも、葉がなければ光合成をすることはできないから、この方法は寒い冬を過ごすのには適していても、夏は暖かくなる環境であることが前提となる。

古いタイプの植物である針葉樹には「葉を落とす」というシステムはない。そのため、寒い季節には、光合成能力を犠牲にしても葉を細くしたのである。これらの木は、葉が針のように細くなっているため、「針葉樹」と呼ばれるようになったのだ。

しかし、針葉樹の古いシステムはそれだけではない。

針葉樹は裸子《らし》植物である。これに対して、広葉樹は被子《ひし》植物である。

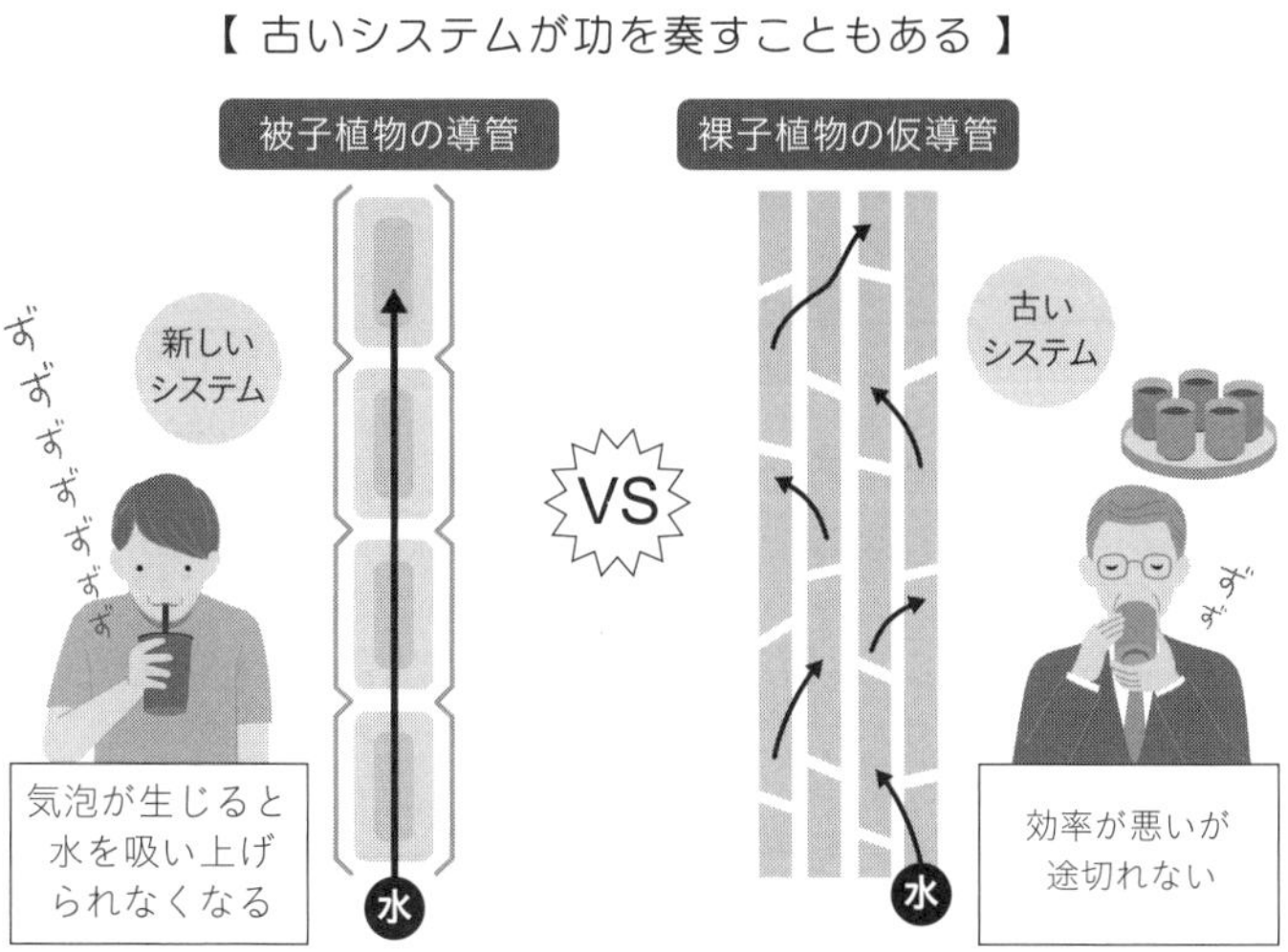

【古いシステムが功を奏すこともある】

じつは、被子植物が獲得した仕組みの一つに「導管」がある。導管は水道管のように空洞になっていて、効率よく大量の水を運ぶことができる。

一方の裸子植物は、「仮導管」という仕組みで水を運んでいる。これは、細胞と細胞の間に小さな穴があいていて、この穴をとおして細胞から細胞へと順番に水を伝えていくものである。いわばバケツリレーのようにして水を運んでいくのである。何とも効率の悪いシステムなのだ。

ところが、この古いシステムが功を奏した。じつは、導管という新しいシステムには、欠点があったのである。

導管の中は水がつながって水柱となっている。そして、葉の表面から蒸散によって水が失われるとその分だけ水が引き上げられる。ところが、導管の中の水が凍結すると、氷が溶けるときに生じた気泡によって水柱に空洞が生じてしまう。すると、水柱のつながりに切れ目が生じて、水を吸い上げることができなくなってしまうのである。

一方、裸子植物の仮導管は、細胞から細胞へと確実に水を伝えていく。効率は悪いが、途切れることはないのだ。

この古臭いシステムによって、針葉樹は、極寒の地に広がって生き延びたのである。針葉樹の強さの秘密は、時代遅れのシステムだったのである。

④ 独特の世界でナンバー1

制約の中でオンリー1の地位を確保する

生物はオンリー1でなければ、生き抜くことができない。

オンリー1であるとは、どういうことなのだろうか。もしかすると、ビジネスの世界やマーケティングの世界では、「独特の世界観」ということになるかも知れない。

しかし、生物の世界はもっと単純である。何しろ、生物は生息空間やエサを巡って競争を繰り広げている。この生息空間とエサという限られた条件の中で、オンリー1でなければならないのだ。それでも、すべての生物がこの制約の中でオンリー1の地位を確保している。そして、空間を分け合って「棲み分け」をしたり、エサをずらして「食い分け」をしているのだ。

生物にとっての独特の世界とは、「独特の生息空間」や、「独特のエサ」ということになる。

マーケティングの世界では、Product(商品)、Price(価格)、Place(場所)、Promotion(広告宣伝)のそれぞれの要素で差別化することができる。しかし、生物にできることは、場所をずらすことだけなのだ。生物は、どのようにしてオンリー1の場所を確保しているのだろう。

▼「夜」という異空間で

昼間、活動する天敵を避けて、夜に活動する生物は多い。

昼間の世界に生きる生物たちにとって、「夜」というのは、まったく異空間である。

特に鳥は「鳥目」という言葉があるほど、夜間には活動しない。実際には、鳥の多くは夜も目が見えているのだが、視力でエサを探す鳥は、明るい昼間に活動をするのである。

しかし、夜行性の昆虫や動物もいる。エサを見つけにくいとはいっても、同じエサを争うライバルも少ない。

そのため、ヨタカは昆虫などを食べる。フクロウはワシやタカなどと同じ猛禽類だが、夜にネズミをハンティングするというニッチを欲しいままにしている。また、ゴイサギという夜行性のサギも、昼間にエサをとる昼行性のサギと時間をずらしている。

暗い夜に花を咲かせる植物もある。

花の花粉を運んでくれるハチやアブなどの昆虫は昼間に活動をするが、夜に活動をするスズメガというガの仲間もいる。夜に活動する昆虫は限られるが、夜には咲いている花も少ないから、ライバルが少なく昆虫を独占することができるのだ。

深夜営業や二十四時間営業をする店などもある。深夜に訪れる顧客は人数は少ないかも知れないが、他の店が営業していなければ、独占することができる。深夜も営業しているという安心感は、他の店とのイメージを差別化してくれることだろう。

冬も生物たちの少なくなる季節である。

寒さに弱い昆虫は、卵で冬を過ごしたり、暖かな土の中で冬眠をしている。しかし、わざわざその冬に行動をするフユシャクというガや、クヌギカメムシというカメムシもいる。冬は、昆虫にとってけっして適しているとはいえないが、冬に活動する昆虫はほどんどいないので、そこは競争のない世界となるのである。

冬の終わりにいち早く花を咲かせる植物もある。

雪をかき分けて黄色い花を咲かせるフクジュソウもその一つである。フクジュソウは、パラボラアンテナのような形の花を咲かせて、花の中心部に太陽光を集める。こうして花の中を暖かくして、活動を始めたばかりのアブなどを集めるのである。

ザゼンソウは、まるで雪で作ったかまくらのような部屋を作り、体内を発熱させて暖める。こうして花粉を運ぶハエなどを呼び寄せるのである。

寒い時期に活動する昆虫は少ないが、咲いている花もほとんどないから、昆虫を独占することができるのだ。

多くの店が休む「正月も営業します」は、かつては効果的な差別化だったかも知れない。しかし、多くの店が正月も営業するようになると、正月に営業するメリットは小さくなる。

時間や時期をずらすということは、ライバルが少ないということが重要なのだ。

生き物のニッチトップ戦略

▼オケラだって生きている

ビジネスの世界で「ニッチ」とは「すき間」という意味で使われる。

一方、生物の世界でニッチとは、必ずしも「すき間」を意味する言葉ではない。

しかし、生物たちがずらしながらニッチを差別化していく中で、「すき間」と呼ぶべき巧妙なニッチを手にしている生き物も多い。

「ぼくらはみんな　生きている　生きているから歌うんだ」

そんな歌詞で歌いだされる子どもたちに人気の唱歌「手のひらを太陽に」（やなせたかし作詞・いずみたく作曲）には、こんな歌詞がある。

「みみずだって　おけらだって　あめんぼだって　みんなみんな生きているんだ」

ミミズもオケラも、アメンボも、けっして強い生き物には思えない。

「○○だって生きているんだ」と言われるような生き物たちではあるが、その巧みなニッチの選び方には目を見張る。

この三種の生物のニッチを見てみよう。

ミミズは、肉食でも草食でもない。**ミミズは「土の中で土を食べる」というニッチである。**

手も足もないミミズは、ずいぶんと下等なイメージがするが、そうではない。じつはミミズは、もともとは頭や移動のための足のような器官のある生物だったと考えられている。ところが、土の中で土を食べて棲むというニッチに合うように、さまざまな器官を捨てて、体の構造を単純化しているのである。

　オケラはどうだろう。

　オケラもまた、地下で暮らすというニッチを選んでいる。ケラはコオロギの仲間である。しかし、地中にトンネルを掘って暮らすという生活を選んだことによって、他のコオロギと明確に差別化しているのである。

　アメンボもまた、特殊なニッチを棲みかとしている。

　アメンボは、水面に浮かんで暮らしている。水の中でもない、水の外でもない。水の上である。

　地上にはたくさんの生き物がいる。水の中にもたくさんの生き物がいる。アメンボは、そのどちらでもない、という何とも絶妙な「すき間」にいる。

　そして、地上から水面に落ちてきた虫を食べるという、他の昆虫とは差別化したニッチを選んでいるのである。

　「みみずだって　おけらだって　あめんぼだって」と子どもたちに歌われるこれらの生き物たちは、どれも優れたニッチを持つ戦略家なのである。

▼陸地に上がった海の生き物

　私たちから見て、どんなに弱そうな生き物も、どんなにつまらなそうに見える生き物も、すべて進化の歴史の中で生存競争を生き抜いてきた勝者である。そして、「ナンバー1になれるオンリー1の場所」を持つナンバー1の存在なのだ。

ダンゴムシも、ずいぶんとつまらなそうに見える生き物である。

つつくと身を守るために、体を丸くする。団子のようなその姿から「だんご虫」と呼ばれているのだ。丸くなるので「まる虫」という別名もある。

逃げ足も遅く、つかまえやすいので、子どもたちの恰好の遊び相手だ。子どもたちは、次々につかまえては、ビンの中などに、ダンゴムシを集めていく。

こんな虫も、ナンバー1なのだろうか。

ダンゴムシは甲殻類に分類される。つまり、エビやカニの仲間なのだ。

かつて魚類が原始両生類として陸上への上陸を果たしたように、進化の過程でさまざまな生き物が陸上へと進出した。しかし、エビやカニの仲間の多くは、水の中を棲みかとしている。陸上に上がったダンゴムシは、甲殻類の中では画期的なニッチを獲得しているのだ。

陸に上がった貝もいる。

カタツムリである。

のろまな小さな虫であるが、「陸に上がった貝」という画期的なニッチを持っているのだ。

もちろん、海に暮らす甲殻類や貝が陸に上がることは簡単ではなかったことだろう。甲殻類は、えら呼吸だが、ダンゴムシは呼吸システムがまったく異なり皮膚呼吸である。また、カタツムリは、陸上生活に適応するために、肺を持っている。

差別化したニッチを手に入れるためには、それなりのイノベーションや工夫も必要となるのだ。

ナンバー1を目指さない

ナンバー1になる独自の世界を見いだすためには、何が必要だろうか。

それはナンバー1を目指さないということにあるかも知れない。

「獺祭《だっさい》」という日本酒は、精米歩合でナンバー1を目指していた。

日本酒を造るときには米の周りを削って中心部のみを使う。中心部のみを使うことによって、雑味が少なくおいしい日本酒が作られるといわれている。この元のお米に対してどれくらいの割合のお米を残したかを示す数字が精米歩合である。たとえば精米歩合が六〇パーセント以下ということは、四〇パーセント以上を削っているということになる。精米歩合六〇パーセント以下のお酒は吟醸酒《ぎんじょう》と呼ばれる。精米歩合が五〇パーセント以下は大吟醸と呼ばれる。これは半分以上のお米を削っているということになる。

「精米歩合」が低ければ高級な日本酒である。精米歩合はわかりやすいものさしである。

かつて、この精米歩合でナンバー1を目指した日本酒メーカーがあった。有名銘柄の「獺祭」を作る山口県岩国市の旭酒造である。

日本酒の需要が縮小する中で、旭酒造は、高級な大吟醸の製造にしぼり込みを図る。そして、おいしい酒のものさしである「低い精米歩合」の日本一を目指すのである。

精米歩合を低くすれば、日本酒造りは難しくなる。それでも、旭酒造は精米歩合を低くしていった。精米歩合二七パーセントが日本一だと聞けば、二五パーセントを目指した。二四パーセントの酒があると聞けば、すぐさま二三パーセントを目指した。しかし、今では二三パーセントをはるかに下回る精米歩合の日本酒もある。

もし、旭酒造があのまま精米歩合日本一の競争の中にいたとしたら、現在の獺祭のブランドはなかっただろう。

獺祭は、一度は精米歩合日本一を手に入れたが、その後は、日本一を目指さなかった。自らの強みを発揮するポジショニングに舵《かじ》を切ったのである。

精米歩合の低い日本酒は、フルーティーで飲みやすいが、日本酒らしい力強さに欠ける一面もあるので酒好きには物足りなく感じられることもある。そこで獺祭が目指したのは、日本酒を苦手とする女性や若者である。そして、日本酒になじみのない海外の市場に進出したのである。

獺祭の成功はナンバー1を目指したことではない。日本酒を飲まないとされていたブルー・オーシャンを創り出したことだ。

電子部品メーカーとして世界トップクラスの村田製作所の戦略も、意外なことにナンバー1を目指さない戦略だ。

B to Bで部品を販売する村田製作所は、下請け会社となることが多い。

しかし、下請け会社としてのナンバー1は目指していない。ナンバー1を目指せばコスト競争に巻き込まれる。あるいは、あまりに特定の会社に依存すれば、その会社の影響をもろに受けるようになる。

ナンバー1になって生き残ることは大切だが、ナンバー1を目指すことも、ナンバー1であり続けることも、けっして良いことばかりではないのだ。

生物の世界に倣《なら》ってみれば、ナンバー1になる方法はいくらでもある。誰もが思うナンバー1を目指すことは、本来、なれるべきナンバー1を見失うことにもなりかねない。

村田製作所は、誰もが思うナンバー1を目指さないという戦略で、誰もマネのできないナンバー1の地位を維持しているのである。

シンプルという戦略　カスタマイズ

哺乳類の中で、もっとも成功しているものは、何なのだろうか。

種類数でいえば、もっとも種類が多いのは、ネズミの仲間である。

恐竜の時代、哺乳類はネズミのような小さな動物だった。この小さな動物がさまざまな進化を遂げて、さまざまな動物が生まれたのである。

それでも、まだネズミのような生き物がいる。そして、このネズミがもっとも種類が多いのである。

日本を代表する車に、トヨタのカローラがある。カローラが発売されたのは一九六六年。もう半世紀以上も昔のことだ。しかし、驚くことにカローラは、現在でも年間世界販売台数一位を記録し続ける、世界中で愛されている車である。

このカローラの基本コンセプトは「八〇点＋アルファ」である。

八〇点を基本としながら＋アルファの部分を変化させて、スポーツタイプにしたり、ステーションワゴンにしたり、若者向けにしたり、ファミリー向けにしたりと自由自在に変化させる。そして、北米仕様や、欧州仕様というように、その国に合わせてアレンジしているのである。

世界でもっとも種類の多い生き物のように、基本形をシンプルにすることで、多様な進化ができる余地を残しているのである。

コストをかけずに息の長いナマケモノ戦略

世の中は、スピード時代である。生物の世界は競争社会だ。早く大きくなったものが有利になり、早く分布を広げたものが独占していく。

しかし、本当にスピードがすべてなのだろうか。

ネズミは呼吸数が多い。その代わり寿命もごく短い。つまり「生き急いでいる」のだ。

対照的な戦略もある。

ナマケモノである。

その名も「怠け者」と名付けられたこの動物はとにかく動かない。行動はのろく、ゆっくりゆっくり移動していく。

しかし、ナマケモノもオンリー1のナンバー1であるはずである。

じつは、ナマケモノは動かないナンバー1である。

【ナマケモノ】

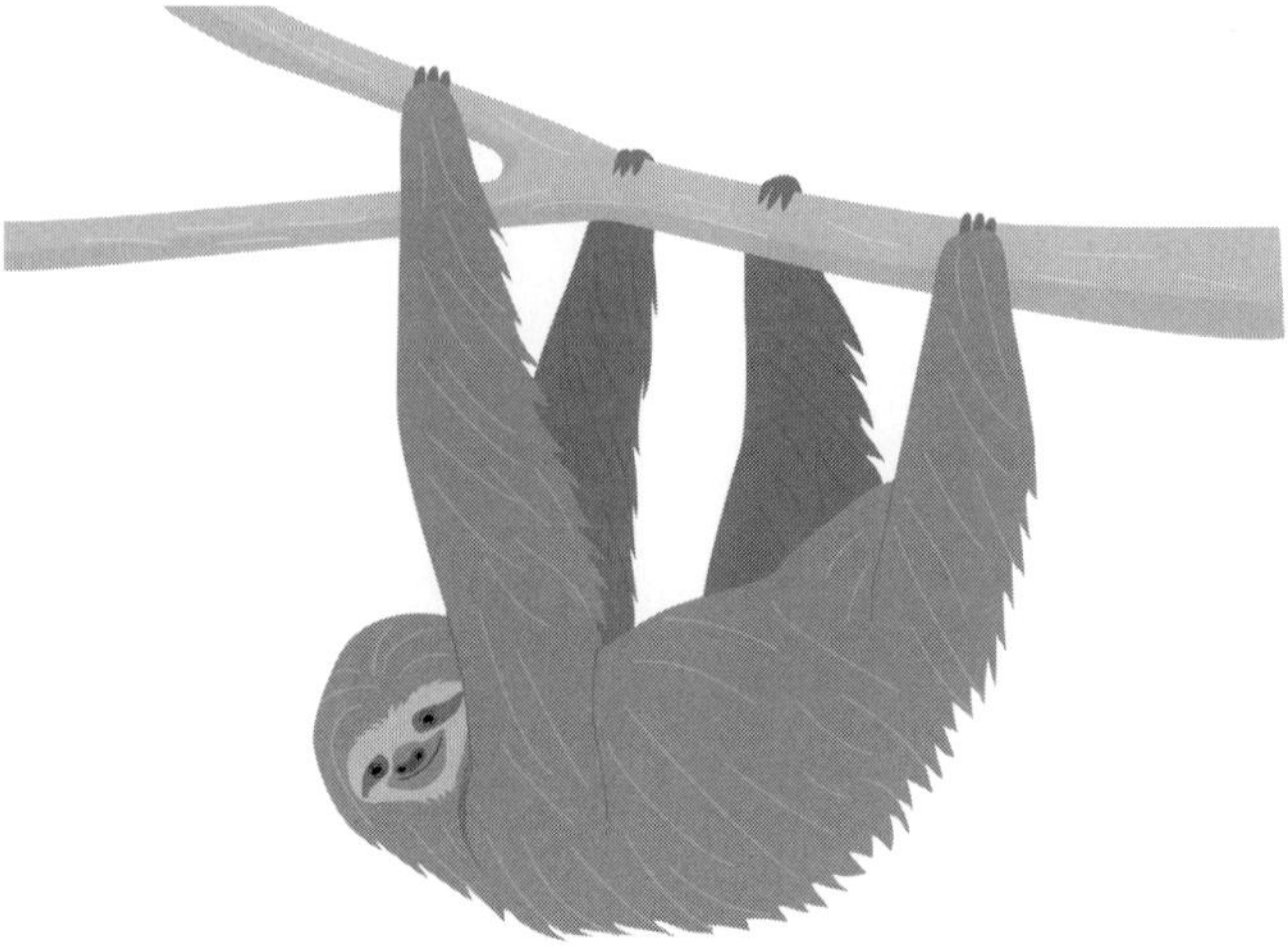

ナマケモノの暮らす森林では、さまざまな天敵がいる。それらの天敵は動体視力に優れ、少しでも動くものは獲物として捉える。その天敵の目に「動かないもの」として映ることで、ナマケモノは天敵の目を逃れているのである。

速いスピードで逃げたとしても、天敵から逃れることはできない。ナマケモノはその逆をついて、動かないナンバー1となったのである。

草や石は動かない。しかし、動物は動く。他の動物が動き回っているから、動かないことがオリジナリティとなる。まさに、逆転の発想だ。

ゆっくりと動いているから、ナマケモノはエサを食べるのにも時間がかかる。たくさんのエサを食べることができない。しかし、**動きの遅いナマケモノは、たくさんのエサを必要としない。しかも、走ることもなく動かないのだから、代謝も低くていい。**

少ないエサで、代謝も抑えて、ゆっくりと動く。まさに最低限の生命活動で、エコな生き方をしているのである。

スピード時代だから、スピードに優れたものが勝ち残るというわけではない。スピード時代だからこそ、ゆっくりと生きるという戦略が輝くのである。

生きた化石の老舗戦略

昔かたぎな人は、よく「生きた化石」と揶揄《やゆ》される。

「古い時代のまま進歩がない」という意味なのである。

しかし、昔のままではいけないのだろうか。

さまざまな生き物が進化のレースを競い合っている中で、そのレースから置き去りにされたかのような生きた化石と呼ばれる生き物がいる。

「生きた化石」という言葉を最初に使ったのは、進化学者のダーウィンである。

生物の世界で「生きた化石」というのは、太古の時代の姿を今にとどめている生物をいう。

生きた化石に戦略などあるのだろうか。

サメも、生きた化石である。

シーラカンスは四億年前のデボン紀の化石で発見されていたが、現在でも生き残っていることが確認されたものである。

サメやシーラカンスは、深海という独特なニッチを手に入れた。そして、競争や環境の変化を避けて生きながらえてきたのである。

古代の三葉虫を思わせる姿をしたカブトガニも二億年前から姿を変えていないとされる生きた化石である。

カブトガニは、海でもなく陸でもない沿岸部の干潟《ひがた》という場所をニッチにしている。この絶妙なニッチが、カブトガニの生存を保証してきたのだ。

驚くことに、これらの生物は、何億年もの間、ほとんど進化することもなく、昔のままの姿で生きていたのである。

しかし、彼らは時代遅れの古い存在なのだろうか。

どんなに古臭い形であっても、現在、存在しているということは、それらが激しい生存競争を生き抜いてきた勝者であることを意味している。

変化する必要がなければ、変化しなくても良いのである。「進化」というと、大きく変

化することに目を奪われがちである。今のスタイルがベストであるとすれば、変化しないことが最高の進化になるのである。

進化する生きた化石

もっとも「生きた化石」と呼ばれる生き物たちが、まったく進化していないわけではない。たとえばサメは、大昔から、ほどんど見た目の変わらない「生きた化石」と呼ばれているが、その構造はマグロなど、進化した形に近い。サメは生きた化石というよりも、かなり進化した形であるという見方もある。

サメは古来に獲得したニッチと、バランスの取れた形態を失うことなく、しかし、時代に合わせてマイナーチェンジをしてきたのだ。

害虫として忌《い》み嫌われているゴキブリやシロアリも、古生代からその姿をほとんど変化させていない「生きた化石」である。

しかし、古生代の森などとっくの昔になくなってしまったのに、現代の人間の住居という新しいニッチを手に入れて、滅びに瀕《ひん》するどころか、ますます繁栄する勢いだ。

こうして、生きた化石と呼ばれる生き物たちも、時代に合わせて進化をしているのである。

見た目は進化をしていないが、じつはマイナーチェンジを繰り返している。

ゴキブリを例に出した後に紹介するのは、はなはだ不適切だとは思うが、この生きた化石の戦略は「老舗《しにせ》の和菓子屋」を思わせる。

老舗の和菓子屋は、百年前や千年前のお菓子をそのまま作っているわけではない。人々の味の好みや材料は、時代によって大きく変化していくからだ。

だから、老舗と呼ばれる店ほど、時代に合わせて味を変えていく。味を変えていかなければ、百年も千年も長く続くことはできないのだ。

老舗には、変わるものと変わらないものがある。変えるべきところは、それを変えなければならないし、変えてはならないものは変えてはならない。

味が変わっても、変わらないもの。老舗と呼ばれる店では、それが、家訓や社是ではないかと私は思う。

老舗の家訓とはどんなものだろう。

室町時代から続く塩瀬《しおぜ》総本家の家訓は「材料落とすな、割り守れ」である。材料をケチることなく、配合を守りなさいという意味である。もちろん、レシピを守れということではなく、質を落とすなということなのだろう。

江戸時代から続く京都の和菓子屋、亀屋良長《かめやよしなが》の家訓は「澄懐」。これは、「懐《ふところ》を誰に見られても恥ずかしくないように、適正な利潤を上げながら家業を継続せよ」という意味らしい。

老舗と呼ばれる企業の中には、主力商品を変える企業も多い。中には、長い歴史の中で事業の内容そのものを変えてしまう企業もある。そんな老舗企業の八割以上には代々伝えられた家訓があるという。

変わるためには、変わらないことが必要である。

家訓は、その「変わらないこと」なのかもしれない。

進化の残したニッチ

アンモナイトによく似た姿をしたオウムガイも四億年前のデボン紀から姿を変えていない生きた化石である。オウムガイもそのニッチは深海にある。深海という独特のニッチで生きながらえてきたのである。

しかし、オウムガイは生きた化石ではないかもしれないという調査結果もある。

オウムガイの仲間は、進化の歴史では長い空白期間があり、五百万年前に突如として現れるのである。そのため、かつてオウムガイに似た生物が暮らしていたニッチに、新たに進化をした生物ではないかともいわれている。

多くの生物が進化のレースを生き抜いていく中で、進化の途上にあったニッチが空白になることはある。

同じように水辺に棲む魚類にハイギョがいる。ハイギョはシーラカンスと同じデボン紀から生き残っている生きた化石だ。ハイギョはえら呼吸ではなく、肺呼吸をするため、水がないところでも生きていくことができる。ハイギョのような魚が両生類へと進化をしていったことを想像させる。

魚類は、ハイギョのような魚となり、原始両生類へと進化を遂げていったのだろう。しかし、魚類と両生類という進化の途中段階の狭間は、ニッチとして残された。そのニッチにハイギョはいるのである。

最近、若い人の間で昔ながらの純喫茶が人気だという。純喫茶の醸《かも》し出すノスタルジックな雰囲気は、それを知らない若い人たちには新しい。

カフェは、さまざまな進化を遂げた。しかし、その進化の流れに取り残された純喫茶が、空白のニッチになっていたのである。

また、スマートフォンが普及し、フィルムカメラどころかデジタルカメラさえ売れない時代であるが、その昔、流行したインスタントカメラが脚光を浴びている。富士フイルムのインスタントカメラ「チェキ」である。

　カメラを知らない若い世代にとっては、「撮った写真がすぐに出てくる」というのは、とても新しくすごいことなのだ。**大昔に忘れ去られたようなニッチが、時代を経て輝きを放つことがあるのである。**

進化しなければダメなのか？

　三十八億年の歴史の中で、生物は競い合って、進化を遂げてきた。

　最初は小さな細菌のような単純な単細胞生物であった。それが、核を持つ真菌という単細胞生物へと進化を遂げ、やがて、単細胞生物が集まって多細胞生物となり、さまざまな形を作るようになった。こうして小さな小さな単細胞生物から、高度な機能を持つさまざまな生物が誕生したのだ。

　しかし、どうだろう。

　単純な構造を持つ単細胞生物は、現在でも滅んでいない。それどころか、地球のありとあらゆるところに単細胞生物は存在している。八〇〇〇メートルの上空でも単細胞生物は発見されるし、水深一万一〇〇〇メートルの深海まで分布している。地球上の有機物を分解してくれるのも微生物の役目だ。スプーン一杯の土の中には数億とも数十億ともいわれる微生物が存在していると考えられている。お酒やヨーグルトを発酵させるのも微生物である。それどころか、私たちに感染して病気を引き起こす病原菌も単細胞の微生物である。

その数は、何百万種とも、何千万種ともいわれているが、私たち人間は細菌や真菌などの単細胞生物がいったい、どれくらいの種類がいるのか検討さえつかない。ましてや、地球上に存在するその数については、想像もできないほどだ。

私たちは「単細胞」と悪口をいうが、生命が進化し、何十億年も前に時代遅れとなったはずの単細胞生物は、今も滅んでいない。それどころか、大繁栄を遂げてさえいる。

彼らは、より大きく、より複雑になる生物の進化に抗《あらが》い、シンプルで単純な形を守り続けてきた。

単細胞生物の持つ遺伝子は少ない。少ない遺伝子をコピーして速いスピードで増殖することもできる。また、少ない遺伝子を速やかに変異させて、あらゆる環境の変化に適応することも可能である。多くの生物が生まれ、多くの生物が滅んでも、バクテリアはずっと核を持たない単細胞生物のまま、変わらずにいた。

彼らは、けっして進化の落伍《らくご》者でも敗者でもない。単純でシンプルな形とスタイルを選んだ成功者なのである。

高度に発達した大企業やグローバル企業が、激しい競争や時代の変化の末に倒産をしていく中で、昔からある町の小さな駄菓子屋さんがそのまま残っていたりすることもある。

いったい、何をもって成功といえばいいのだろう。

成功しても成功しても、新たなチャレンジをし続けなければならない。成功しても成功しても、進化し続けなければならない。本当にそうなのだろうか。

生き残ることが勝利なのだとすれば、バクテリアは間違いなく成功している生き物といっていいだろう。

スペシャリストか、ジェネラリストか

スペシャリストとジェネラリストという言葉がある。

生物の世界にも特定の環境を得意とするスペシャリストと、広範な環境で暮らすことのできるジェネラリストとがある。

スペシャリストとジェネラリストは、どちらが有利なのだろうか。

生物の世界では、圧倒的にスペシャリストのほうがジェネラリストよりも数が多い。

ナンバー1になるニッチを獲得するためには、その環境のスペシャリストとなる必要があるのだ。しかし、自然界の生物にはジェネラリストも存在する。ということは、ジェネ

ラリストもまた、存在価値があるということなのだ。

ある環境で有利になるということは、別の環境では不利になることを意味している。あちらを立てればこちらが立たずという、トレードオフの関係になっているのだ。このトレードオフの関係が強ければ強いほど、スペシャリストとなる必要性が高まる。

しかし、トレードオフの関係が弱いと、さまざまな環境に適応することができるジェネラリストが有利になるのである。

また、微生物の調査でもスペシャリストはジェネラリストよりもずっと多いことが知られている。**分裂を繰り返す微生物は、環境の変化に適応して、速やかに変化することができる。そのため、スペシャリストやジェネラリストという性質も、環境に合わせて変化することがある。**

その微生物の観察からは、スペシャリストからジェネラリストに変化するものよりも、ジェネラリストからスペシャリストに変化することのほうが多い。スペシャリストは、環境に特化するあまり袋小路に入ってしまうリスクがある。また、その環境が失われればスペシャリストとしての優位性も失われてしまう。

微生物の世界では、ジェネラリストは新たなスペシャリストを生み出す原動力となっているのである。

Ⅳ

生き物たちの戦略

生き物たちのブルー・オーシャン戦略

「無駄な競争をできるだけ避けて、オンリー1の場所でナンバー1を目指す」

この生物の戦略から、「ブルー・オーシャン戦略」を思い浮かべた人がいるかも知れない。

ブルー・オーシャン戦略は、W・チャン・キムとレネ・モボルニュが提唱した戦略論である。彼らは血みどろの激しい競争に打ち勝つ戦略をレッド・オーシャンと呼び、競争相手のいない新たな市場を創り出す戦略をブルー・オーシャン戦略としたのである。

ブルー・オーシャン戦略では、ブルー・オーシャンは見つけ出すものでなく、作り出すものであるとされている。ただし、市場を創り出すという作業は、誰も気づかなかった潜在的な価値やウォンツを見いだすという作業でもあるだろう。

生物はそれ自体で、新たな環境を作り出すことはできない。しかし、どんな生物もハビタット（生息地）として利用していなかった環境に「新たなニッチ」を見いだすことはある。それが生物にとってのブルー・オーシャン戦略となるのだろう。

レッド・オーシャン戦略は、マイケル・ポーターの競争戦略や、フィリップ・コトラーのマーケティング戦略を意識していることだろう。しかし、すでに紹介したように、これらのレッド・オーシャン戦略と呼ばれる戦略も、その基本戦略は「差別化」であった。この差別化とブルー・オーシャンの創出とはどこが違うのだろうか。

生き物について考えてみよう。

生き物が生存するためには、ニッチが必要である。ニッチとは、「ナンバー1になれるオンリー1の場所だ。

一二九ページで紹介したように、ナンバー1になる方法は、四つある。

それは、**①単純なナンバー1、②反対方向のナンバー1、③独自のものさしでナンバー1、④独特の世界でナンバー1、**の四つであった。

ナンバー1というからには、誰もが思いつく単純な一番がある。体が一番大きいとか、足が一番速いとか、戦いに強いというナンバー1が、それである。つまり、競争に強いナンバー1である。

これに対して、「反対方向のナンバー1」もある。多くの生き物がナンバー1を目指しているとすれば、ワースト1である反対方向に活路が見いだせることがある。特に生き物の世界はトレードオフがある。限られた資源を使って戦略を組み立てているから、ある部分を伸ばそうとすれば、ある部分は犠牲になる。しかし、逆に考えればある部分を捨てれば、別の部分を伸ばすことができる。ワースト1になることは、ナンバー1になることでもあるのだ。

たとえば体の大きな生き物は敏捷《びんしょう》性に欠ける。敏捷性で勝負するとすれば、もっとも小さな生き物になればいいのだ。

この反対方向でのナンバー1は、すでに「差別化」ということがいえるだろう。

マイケル・ポーターの競争戦略は、価格を安くする「コスト・リーダーシップ戦略」か付加価値を高めた「差別化」のいずれかを選択する。マーケティングの世界で、もっともわかりやすいナンバー1は「価格が安い」ということであろう。

一方、価格が高いという「反対方向のナンバー1」もある。価格が高いことが、高品質であったり、高機能であるという付加価値を示すのである。

三番目の独自のものさしで「ナンバー1」は、生物の世界では選択肢は少ないのかも知れない。寒さや乾燥などの環境ストレスに強いという要素と、変化に強いという要素が代表的なものだ。

この寒さや乾燥、変化の度合いには、大きい小さいがある。つまり数字で表せる定量的なものだ。この定量的な要素で差別化を図るのが、三番目の独自のものさしである。

しかし、世の中には数字で表すことのできない定性的なものもある。

生物の世界は、エサ資源と空間を奪い合う競争である。数字では比較のできない独特のエサ、独特の生息地を確保する。

そんな独特の世界でのナンバー1も立派なナンバー1だ。

ブルー・オーシャン戦略と島の法則

ブルー・オーシャン戦略は、従来、重要性が指摘されている「差別化」とよく似ているように思える。

ただし、その特徴は従来の戦略が、「コストを下げること」と「付加価値を高めること」のいずれかを選択しなければならなかったのに対して、ブルー・オーシャン戦略は競争のない市場を創り出すことによって、「コストを下げること」と「付加価値をつけること」が両立させられることにあるという。

生き物の世界でも、似たようなことがある。

一五〇ページでは島の法則（島嶼化）を紹介した。

天敵やライバルがいない離島では、大きな動物は小さくなり、小さな動物は大きくなる。これが島の法則である。

大きくなることも、小さくなることも、相手があるゆえの戦略である。

ライバルも敵もいない環境では、無理をして大きくしていたものを小さくし、無理をして小さくしていたものを大きくすることができる。

生物には、本来、生息できる範囲を示す基本ニッチと、他の生物との関係の中で、押し込められた形で占有している実現ニッチが存在する。本当は、もっとのびのびと暮らせるはずなのに、他の生物との競争の中で、本来のポテンシャルを発揮できずにいるのだ。

競争のない新しいブルー・オーシャンを創り出すことは、本来の基本ニッチを手に入れることにもなる。押し込められた実現ニッチの中では発揮することのできなかった本来のポテンシャルを思う存分発揮できる可能性もあるのだ。

トカゲの世界のブルー・オーシャン

ライバルのいない新たなニッチとは、どこにあるのだろうか。

たとえば、三〇ページで紹介したアノールトカゲは、木の上や木の枝や木の下というように、それぞれ生息場所の差別化をしていた。この差別化は一本の木という環境の中で、互いに生息空間を分け合っている。しかし、「一本の木」という環境は限られている。この限られた中で空間を分け合い、棲み分けているのだ。

しかし、木の外にも世界がある。それがブルー・オーシャンである。

たとえば、トカゲの仲間では、トビトカゲというトカゲは翼を広げて、ムササビのように滑空《かっくう》する。空を飛ぶトカゲなのだ。翼を広げて、樹上から飛び立てば、今までにない新しい世界が見えることだろう。

あるいは、地面の下に潜《もぐ》り地中生活を送るトカゲもいる。木の上で争っていたトカゲたちにとっては、地面の下は、まったく新しいニッチだ。

もちろん、鳥や虫のように空を飛ぶ生き物はたくさんいる。ミミズやモグラのように土の中にいる生き物もいる。しかし、「大きな木」だけが、世界のすべてだったトカゲにとっては、空中や地面の下は、まったく新しいブルー・オーシャンである。

もっとも、現在では空を飛ぶトカゲも実在するし、地面に潜って暮らすトカゲも存在する。つまり、空中も地中も、目新しいブルー・オーシャンとはいいがたい。

ブルー・オーシャン戦略は、やがて競争の場であるレッド・オーシャンとなる。そのため、ブルー・オーシャン戦略では、新たなブルー・オーシャンを作り続ける必要がある。

残念ながら、進化のレースは長い時間をかけて行われるので、私たちが進化そのものを目撃することはできない。私たちが見ることができるのは、進化の「結果」だけなのである。

さらに、生物の世界は、あらゆる生き物たちが、あらゆる戦略を発達させてニッチを獲得している。

しかも、**限られた数の企業が、ナンバー1を競い合っている人間の世界とは異なり、自然界では何百万種もの生物種が、オンリー1のニッチを求めている。**そのため、地球上のありとあらゆる場所はニッチで埋め尽くされ、あらゆるブルー・オーシャンも創造し尽くされている。

しかし、三十八億年の生命の歴史を顧みれば、生命の進化がブルー・オーシャン戦略を思わせる広大なニッチを手にしたときもあった。

そのとき、生物は何をしたのだろうか。そして、どのような生き物がどのようにしてニッチを獲得していったのだろう。

ここでは新たなニッチを獲得してきた生物の歴史を見てみることにしよう。

大地というブルー・オーシャン

今や生命にあふれた大地だが、広大なブルー・オーシャンだった時代もあった。

地球の歴史を顧みれば、生命は海で生まれ、海で育《はぐく》まれた。

地球は海の惑星であり、海こそが生命のゆりかごだったのである。

しかし、古生代になると地球のプレート活動によって大陸が誕生した。

「陸地」という新しい環境が地球に誕生したのである。

約四億年前の古生代、そこは植物や昆虫は陸上への上陸を果たしていたが、脊椎動物は未だ上陸を果たせずにいた。

しかし、魚類は原始両生類へと進化を遂げ、脊椎動物の祖先はついに陸上への進出を図るのである。

ブルー・オーシャンは楽ではない

ブルー・オーシャンは、魅力的だが、ブルー・オーシャンのようなニッチを手にすることはけっして簡単ではない。

広大なニッチが広がっているということは、そこには他の生物が侵入しないそれなりの理由があるからだ。

たとえば、砂漠という環境は、広々としたニッチである。

しかし、そこに棲むことのできる生物は限られている。

生物の世界の場合、広々としたニッチは、ただ何となくそこにあるわけではない。他の生物がそこに踏み込まないということは、そこがとてもリスクの高い場所であるということでもある。

新たなニッチを手に入れるためには、劇的な変化が求められるのだ。

リスクを背負ってでも、新たなニッチに挑戦する者は、ときに追い込まれたものである。何も問題なく暮らしていけるのであれば、生物は変化をする必要はない。リスクを背負って、新しい挑戦をする必要などないのだ。

しかし、環境が変化し、生存が危ぶまれたとき、生物は思わぬ能力を発揮する。そして、劇的な進化を遂げるのだ。

私たち脊椎動物の祖先が、地上へ進出したときもまさにそうであった。

大地というブルー・オーシャンは、けっして野心に満ちた挑戦者が勝ち取った場所ではなかった。

そこは、競争に敗れて、迫害され、追い詰められた者が最後にたどりついた場所だったのである。

追い詰められた弱者がたどりついた場所

古生代、海は多くの生物たちが暮らす楽園であった。

しかし、古生代の海であっても、多くの生き物がいれば、そこには弱肉強食の食物連鎖が作られるのは現代とまったく同じである。

強い魚は弱い魚を食い、強い魚は、より強い魚に食べられる。こうした序列の中で、もっとも弱い魚は逃げ惑《まど》うことしかできなかったのである。

戦いに敗れ、追いやられた弱い魚たちは、川の河口にある海水と淡水が混じりあう汽水域へと逃れて行く。じつは汽水域は、海の生物にとっては、過酷な環境である。

汽水域で最初に問題となるのは浸透圧である。

塩分濃度の濃い海で進化を遂げた生物の細胞は、海の中の塩分濃度と同程度の浸透圧になっている。もし、細胞の外側が海水よりも濃い塩分濃度であれば、細胞の中の水は細胞の外へと溶け出してしまう。そして、もし細胞の外側が薄い塩分濃度であれば、その塩分濃度を薄めるために、水が細胞の中へと侵入してきてしまうのである。

しかし、この浸透圧の問題さえ克服すれば、汽水域は天敵のいないブルー・オーシャンである。やがて、弱い魚たちは天敵のいない汽水域を棲みかとする。

しかし、ブルー・オーシャンは歳月を経ればレッド・オーシャンとなる。

新天地であったはずの汽水域には、さまざまな魚が棲むようになり、新たな生態系が作られる。

この汽水域に棲むようになった魚には二種類がある。

一つは、エサとなる魚を追って、海から新たに汽水域へと侵入してくる天敵である。

もう一つは、弱い魚たちの中の分化である。

ブルー・オーシャンである汽水域には、「他の魚を食べる強い魚」というニッチが空いている。そのため、弱い魚の中で、より強いものが捕食者として進化をするのである。

汽水域の中でも弱い魚となり、迫害された魚は、より塩分濃度の薄い川の河口へと侵入を始める。川の河口は迫害された魚が見いだしたブルー・オーシャンなのである。

しかし、やがて川の河口も激しい競争が繰り広げられるレッド・オーシャンとなる。

そして、弱い魚は新たなブルー・オーシャンを求めて、川の上流へ上流へと川を遡《さかのぼ》っていったのだ。

やがて、彼らは陸地に近い浅瀬へと追い立てられていった。

そして、新たなブルー・オーシャンである陸地へと進出するのである。

ブルー・オーシャンの創造者

それにしても、地上への進出を果たした魚たちはどのようにして陸上への進出を果たしたのだろうか。

原始両生類へと進化を遂げたのは、大型の魚類である。

大きいことが有利であるとは限らない。

弱い立場にある小型の魚類は、敏捷性を発達させ、高い泳力を獲得していった。

一方、もともと大型の魚類であった両生類の祖先は、敏捷性を発達させていない。のんびりと泳ぐのろまな魚である。そのため、泳力に優れた新しい魚たちに棲みかを奪われていったと考えられている。そして、浅瀬へと追いやられていったのだ。

つまり、私たちの祖先は泳ぐのが下手な魚だったのだ。

魚なのに、泳ぐのが下手だというのだから、これはもう救いようがないような気がする。

大型の魚類は浅瀬を上手に泳ぐことができない。しかし、大きな体で力強くひれを動かすことはできる。そこで、水底を歩いて進むように、ひれが足のように進化していったと考えられている。こうして、浅瀬から次第に陸の上へと活路を見いだしていくのである。

もちろん、ただ追い立てられた先が、「地上」という楽園だったというほど、単純な話ではない。

水の中に棲む魚たちにとって、陸上は危険な環境である。

何しろ、水の中で進化をしてきた魚類たちは、陸の上では呼吸をすることができない。さらには、浮力のない陸の上では、自分の体重を自分の力で支えなければならない。「敵がいないブルー・オーシャン」というような楽園ではないのだ。

持っているものを水平に活かす

陸上という、まったく新しい、そして過酷な環境に適応するために、魚類たちがしたことは何だったろう。

上陸した魚類たちは、新しいものを作り出したわけではない。

魚類たちは、ひれという水の中を泳ぐための道具を脚に進化させた。そして、浮き袋という浮力を調節するための器官を「肺」という、呼吸のための器官に進化させたのである。

じつは、この魚たちが持っていたひれは、すでに速く泳ぐためのものではなかった。

浅瀬に追いやられた魚たちにとってひれは、水底を蹴って進むためのものであった。そして、速く泳ぐという魚として重要と思われる能力を捨てたことが、ひれを脚へと進化させていったのである。

新しいニッチに挑戦するからといって、まったく新しい能力を欲しがる必要はない。

「持っているものを活かす」

まったく新しい環境であっても、自ら持っているものをアレンジするしかないのだ。

ビジネスでも同じことがいえるのではないだろうか。

世界に誇る自動車メーカーであるトヨタやスズキは、まったくゼロから自動車技術を作り上げたわけではない。トヨタやスズキは、もともと綿紡績の技術を持ち、その技術を応用させて自動車業界に参入をした。

持っている強みをいかに活かすかが重要となるのだ。

追い込まれたもののブルー・オーシャン

追いやられた企業は、時にブルー・オーシャンを見いだす。

一九九〇年代、若者やビジネスマンのコミュニケーションツールはポケットベル（ポケベル）だった。

しかし、ポケベルは数字を送ることしかできないシンプルな機械である。音声を伝えることのできる携帯電話やスマートフォンが普及した現代では、ポケベルが使われることはなくなってしまった。

ポケベルのサービスを行ってきた東京テレメッセージはどうしただろう。

持っているのは二八〇メガヘルツの波長。じつは、この波長は、スマホよりも遠くまで届く波長である。そして、ラジオよりも室内に届く波長である。この遠くにも室内にも確実に届くという波長を利用して、東京テレメッセージは、「防災ラジオ」への展開を行っているのである。この防災ラジオは、防災無線とラジオの両方を聞くことができる。しかも、防災無線を文字で受信することもできるのだ。音声は聞きとりにくかったり、聞き逃してしまうこともあるが、文字は確実に届く。波長の強みと文字通信の強みを水平展開しているのだ。

スーパーマーケットなどの店頭で、軽快なBGMで呼び場に客を呼び込む「呼び込み君」。録音機能がついていて、録音された店員の声が、その日の特売品を紹介していく。

このヒット商品を販売しているのは、ラジカセの下請け会社だった群馬電機である。ラジオとカセットテープを聴くことができ、持ち運びのできるラジカセは、かつては誰もが持つ機器であった。しかし、デジタルオーディオが普及すると、ラジカセはなつかしい過去の遺物となってしまったのである。

群馬電機は、このラジカセで培《つちか》った技術で、簡単に録音することが可能であり、音質が良い「呼び込み君」を開発するのである。さらには、当時販売に力を入れていたLED表示器をもう一方の武器として、スーパーマーケットに「呼び込み君」を普及させていったのである。

ブルー・オーシャンへの回帰

海で生まれ育った生命にとって、「大地」という環境は、まったく新しい価値を持つブルー・オーシャンだった。

しかし、新たに創造されたブルー・オーシャンは、後発の企業が参入し、やがては激しい競争の起こるレッド・オーシャンとなることが知られている。ブルー・オーシャン戦略は常に新しいブルー・オーシャンを作り続けることを宿命づけられているのだ。

生命が見いだした「大地」というブルー・オーシャンにもさまざまな生物が進出し、進出した生物はさまざまな進化を遂げて、生命にあふれる環境となっていった。やがて、そこは激しい生存競争が繰り広げられるレッド・オーシャンに変貌していったのである。

生き物にとってのブルー・オーシャンは、何も新しい場所だけではない。

陸地に上陸し、陸地で進化をした生物たちにとっては、海は過去の遠い記憶の残る古い場所ではなく、もはや新しい環境になっていた。

長い時を経て、陸上に暮らす生物にとって、海こそが文字どおりブルー・オーシャンとなったのである。

脊椎動物は、魚類から両生類へと進化し、やがて水辺を離れ、爬虫類や哺乳類へと進化を遂げた。爬虫類や哺乳類は、陸地の生き物である。その哺乳類にとって、「海」は未知なる環境であった。

生命に満ちた陸地は、生物が暮らすのに快適な環境となったが、ライバルになる生物も多い。そして、そこでは激しい生存競争が繰り広げられていた。

そんな競争に敗れ、ライバルや敵のいない海へと追いやられていった哺乳類もいたのである。

現在、海の環境にもっとも適応している哺乳類は、イルカやクジラの仲間である。

イルカやクジラの祖先は、インドヒウスという小さな生き物であった。この生物はカバの祖先としても知られている。インドヒウスが進化をする中で、カバやイルカやクジラへと進化を遂げていったのである。

【インドヒウス】

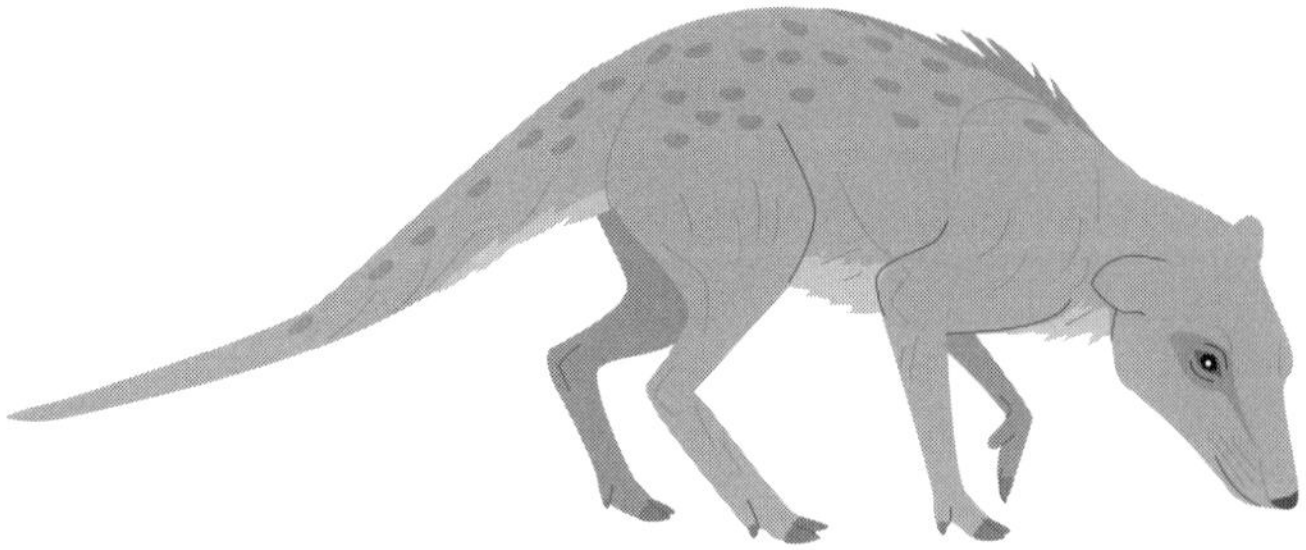

やがてイルカやクジラの祖先は、波打ち際をニッチとするようになり、水陸両生の体を発達させる。しかし、新たなニッチを求めたのか、あるいは波打ち際というニッチさえ追いやられたのかはわからないが、**イルカやクジラの祖先は海中生活をする動物へと進化してゆくのである。**

恐竜の時代には、どう猛な首長竜などの海竜が海を支配していたが、恐竜が絶滅した後には、首長竜も滅び、海の中には天敵は少なかった。ちなみに、首長竜も恐竜の仲間のような感じがするが、現在では首長竜は爬虫類に近い性質であったことが明らかとなっており、温血で鳥に近い性質を有していた陸上の恐竜とは違う仲間に分類されている。

恐竜が滅びると、首長竜などの海竜もまた、絶滅をした。そのニッチに、イルカやクジラは入り込んだのである。

同じ答えにたどりつく

こうして、海の中ではイルカやクジラが進化を遂げた。

そのうちイルカは「水中を自在に泳ぐ哺乳類」というナンバー1を手にしている。

イルカはサメによく似た姿をしている。イルカは哺乳類であるのに対して、サメは魚類である。まったく違う仲間なのに、よく似た形をしているのである。

これは「自在に泳ぎ回る」ことに適応して進化をした結果、よく似た形に進化をしたのである。魚類と哺乳類とは、まったく別の進化の道を進んでいる。これほどの、まったく違うアプローチでも、同じ答えにたどりつく。つまり、泳ぐのに適したベストな形というのは、「答えがある」ということなのである。

異なる進化を遂げた生物が、よく似た形にたどりつく進化を「収斂《しゅうれん》進化」という。

イルカとサメは収斂進化の例である。

ちなみに恐竜の時代には、爬虫類の仲間のイクチオサウルスが海の中を泳ぎ回っていた。

【イクチオサウルス】

このイクチオサウルスは、イルカとそっくりな姿をしている。また、メトリオリンクスというワニの仲間もひれや尾びれを持ち、体のうろこもなくなって、まるでサメやイルカのような姿で海の中を泳いでいた。

魚も哺乳類も、爬虫類も、自由自在に素早く泳ぐというニッチに対しては、よく似た形に変化をしている。

「目指すべきものが同じであれば、最終的に同じ答えにたどりつく」

収斂進化が示すものは、ビジネスにおけるブルー・オーシャン戦略にとっても示唆的である。

イルカはサメを模倣したわけではないが、もし、イルカが自由に自分の形をデザインできるとしたら、サメの形をマネするのが早い。

それでも、「自在に泳ぐ哺乳類」と「自在に泳ぐ魚類」はジャンルが違う。もっとも魚類と哺乳類の違いがあっても、ニッチが重なれば競争が起こるが、魚類と哺乳類というもともとの性質の違いを活かして、ニッチを棲み分けているのだろう。

「目指すべきもの」があるのであれば、異なるジャンルや異業種に求めるのが近道ということになるのだろう。

「違い」を目指す

収斂進化は別の示唆も与えてくれる。

「自在に泳ぐ」ということが目標だったとすると、どんなアプローチであったとしても、どんな進化を遂げたとしても、結局、同じ形になるのである。

確かに、まったく同じというわけではない。

サメは尾びれを横に動かして前へ進むのに対して、イルカはドルフィンキックの名のとおり、縦にひれを動かす。違うのだといえば、違う。しかし、誰が見てもサメとイルカはよく似ている。サメとイルカの絵を描き分けることができる人は少ないだろう。

イルカとサメの違いは、当事者以外にはほんの些細な違いに過ぎない。尾びれを横に動かすか、縦に動かすかという程度の違いは、とても違いとはいえないし、差別化できているようにも思えない。

しかし、そんな差別化を目指す商品で、市場はあふれている。

同じものを目指せば、同じゴールにたどりつく。差別化を図るのであれば、違うものを目指さなければならないのだ。

おそらくサメやイルカと同じゴールを目指した生物は他にもいたはずである。しかし、それらはサメやイルカとのニッチ争いに敗れて、今、地球には存在していないのだ。

大空というニッチ

①大空というブルー・オーシャン

海は生命であふれ、大地も生命であふれた。そして、そこはさまざまな生物たちの生息地となり、生物は生息地を巡って、激しい競争を繰り広げるようになったのである。

しかし、生物は、そんな地球に広大なブルー・オーシャンを見いだした。

そのブルー・オーシャンこそが、大空である。

人類が飛行機で空を飛ぶようになったのは二十世紀になってからだから、まだ百年あまりしか経っていない。これに対して、生物の世界ではすでに三億年もの昔から、空を飛ぶ者が存在していた。

地球の歴史上、最初に空を飛んだ生物は昆虫である。

両生類がやっと陸上に進出しようかというころ、すでに昆虫たちは、今とあまり変わらない姿で空を飛んでいた。しかし、それは地上に近い空間を飛んでいるに過ぎなかった。

大空というニッチは、空白のままだったのである。

今、空の支配者となった生き物は鳥である。

鳥はいかにして、空というニッチを手に入れたのか。時代を遡って、空というニッチを巡る生き物たちの戦略を見てみることにしよう。

環境変動が招いた空白

古生代の昔、進化の歴史の中で、最初に空を飛んだ生き物は昆虫であった。そして、古代の森の中には数メートルもあるような巨大なトンボが飛び回っていたのである。

ところが、である。昆虫たちに占められていたそのニッチは、突如として空白化する。

じつは、恐竜が活躍する中生代になると、地球上の酸素濃度が急激に低下したのである。

この原因はわかっていない。火山の噴火による植物の減少や、火災による植物の消失が挙げられている。また、気候変動により雨が多く降るようになると、植物を分解する菌類が発達をしたことも要因の一つと考えられている。

この酸素濃度の低下は、生物に少なからず影響を与えた。

酸素濃度が低下すると、昆虫たちは呼吸ができるサイズに小型化していった。昆虫は取り込んだ空気を体内に拡散させるというシンプルな方法で呼吸をしているため、酸素濃度が低いと、体のすみずみにまで酸素を送ることができない。しかし、体が小さければ、酸素濃度が低くても、体内に十分に酸素を行き渡らせることができるのである。

もっとも、小型化したとはいっても、空を飛ぶ生物は昆虫だけであった。ただ。小型化した昆虫たちは、もっぱら他の生き物たちのエサにされるという地位に甘んじるようになる。「空」というニッチは空白となったのだ。

低酸素時代の覇者

また、この古生代の時期に繁栄をしていたのは、私たち哺乳類の祖先にあたる哺乳類型爬虫類であった。しかし、哺乳類型爬虫類もまた、低酸素の中で衰退し、わずかに小型のものだけが生き残るようになる。

その一方で、訪れた低酸素時代に適応して繁栄した生き物がいる。それが恐竜なのである。

低い酸素濃度の条件下で恐竜は「気のう」という器官を発達させた。気のうは、肺の前後についていて、空気を送るポンプのような役割をしている。

私たち人間は呼吸をするときに、息を吸って肺の中に空気を入れる。そして、肺で酸素を取り込み、息を吐いて二酸化炭素を出すのである。つまり、空気は肺までを行って帰ってくるのである。電車の単線のように、吸う息と吐く息は順番交代に肺を行ったり来たりするのである。しかも、同じ道を行ったり来たりするので、吸う息と吐く息はどうしても混ざってしまう。空気の流れがスムーズでないのだ。

これに対して、恐竜は違う。空気を吸うと空気は肺に入る前に後気のうという気のうに入り、後気のうから肺へと空気が送りだされ、肺の空気は前気のうという別の気のうに入る。そして、息を吐くときには、前気のうの空気が吐き出され、肺から次の空気が前気のうに入る。このように、空気の流れが一方通行になるため、常に肺には新鮮な空気が送り込まれることになる。極めて効率の良い呼吸システムなのである。

この気のうを発達させることによって恐竜は、低酸素という環境に適応して、繁栄を遂げたのである。

現在、恐竜は滅んでしまったが、恐竜から進化をした鳥は、この気のうというシステムを引き継いでいる。鳥が空気が薄い高いところを飛ぶことができるのは、このシステムのおかげなのである。

大型化を競い合った翼竜の悲劇

しかし、恐竜の時代に大空の覇者となったのは、プテラノドンに代表されるような大きな翼を持つ翼竜であった。翼竜は爬虫類に近い仲間とされ、恐竜とは区別されている。

大空というニッチを手にするためには、革新的なイノベーションが必要である。

とはいえ、天使やペガサスのように背中から都合良く翼が生えてくるわけではない。持っているものを水平展開して、空を飛べるようにしなければならないのである。

翼竜は前肢の指と指の間の皮を発達させて翼にして、空を飛ぶことに成功した。翼竜が空の覇者となったのである。

しかし、彼らは器用に飛ぶことはできず、主に滑空するくらいしかできない。そのため、障害物がある場所や、森の中のように器用に飛ばなければならない場所は、翼竜のいないニッチだった。

そんなニッチの中、恐竜の中から翼を進化させて器用に飛ぶものが登場する。それが、鳥である。彼らは前肢の体毛を羽毛に変えて、空を飛ぶ翼を手に入れたのである。

もっとも、鳥たちが出現しても、広大な空を支配していたのは、翼竜であった。

制空権を巡って、翼竜たちは競い合う。翼竜は大型化し、競争に敗れた翼竜は絶滅していった。こうして、生き残り競争を繰り広げる中で、翼竜は種類を減らしていったのである。

一方、翼竜に制空権を奪われた鳥は、力で力を支配するような大型化の競争には参加せずに、翼竜とニッチを分けるように小型化していった。そして、その結果として鳥は種類数を増やしていったのである。

鳥の技術革新

現代、空の支配者は鳥である。

しかも鳥は、地上に近いところだけでなく、空の高いところを飛んで地球狭しと移動することができる。

今や大空は鳥たちのものなのだ。中には、一万メートルを超える高さを飛ぶものもいるという。これは、もうジェット機と変わらない高度である。

鳥がこんなにも高い空まで飛ぶことができるのには理由がある。

地上から離れた上空は、酸素濃度が低い。そのため、空を高く飛ぶためには、飛行能力だけでなく、低い酸素濃度に耐えられることが必要となる。

そのための仕組みこそが、気のうである。

気のうは、低酸素の時代に恐竜が手に入れたシステムだ。このシステムを上手に応用して、鳥は空高くまで飛ぶことができるようになった。そして、地球のあらゆるところに移動して分布を広げたのである。

「飛ばない」という戦略

鳥たちは、大空を支配した。

そして、さまざまな鳥たちが空を生活圏として利用するようになった。鳥たちにとっては空もまた、競争の起こるレッド・オーシャンとなりつつある。

そんなとき、地上を見れば、「飛ばない鳥」というニッチが拓《ひら》けていた。

鳥は恐竜から進化したといわれている。鳥に進化した恐竜は、大型の恐竜とニッチを棲み分け、小さな昆虫をエサにしていた小さな恐竜だったことだろう。

しかし、地上を見れば、恐竜はもう滅んでいる。

大型の恐竜が闊歩《かっぽ》していたニッチが、がら空きだったのである。恐竜たちが占めていたニッチの多くは、哺乳動物に占められていたが、恐竜から進化をした鳥が得意とするニッチは残されていた。

こうして、恐竜の残したニッチに「飛ぶことをやめた鳥」が進出したのである。

それが、アフリカ大陸のダチョウや、オーストラリア大陸などに見られるエミューやヒクイドリ、現在では絶滅してしまったモアなどの大型の鳥である。

じつは、鳥にとっても「飛ぶ」という作業は、多大なエネルギーを必要とする荒技である。飛ぶことをやめれば、かなりのエネルギーを節約できる。こうして、飛ぶことをやめた鳥たちは、体を大きくすることに成功し、大地を走り回る強靭《きょうじん》な足を手に入れたのである。

コウモリの「ずらす戦略」

昆虫や翼竜たちが支配していた広大な空というニッチが開け放たれた。鳥たちは、そのニッチを埋めるように進化を遂げていった。

しかし、それでも、広大な空には、埋められていないニッチがあった。

そのニッチへと進出を企てたのが哺乳類であった。

コウモリである。

コウモリの進化も謎に満ちている。

残念ながら、コウモリの祖先は明らかとなっていない。

しかし、驚くべきことに、遺伝子解析からコウモリは、ウマなどの奇蹄類やイヌやネコなどの食肉類に近い仲間であったと考えられている。

空へと進出を果たしたコウモリだが、制空権争いは、鳥たちのほうが勝っている。そこで、コウモリは鳥のいない空を選択した。それが、夜の空だったのである。鳥たちが寝静まるころになると、コウモリたちは飛び始める。

こうして独特のニッチを獲得したコウモリは、今や九八〇種が知られている。驚くことに、この数は、地球上の全哺乳類の四分の一を占める数である。日本でも、日本に生息する哺乳類のうち、三分の一の三五種がコウモリである。

私たちの目につきにくいコウモリではあるが、じつは、もっとも繁栄している哺乳類なのである。

それにしても、空を飛ぶ生物の進化は謎が多い。

昆虫も、鳥も、コウモリも、いずれの生物も、じつはどのように進化して翼を手に入れていったのかはわかっていないのだ。飛ぶまでにはさまざまな試行錯誤が必要だったと考えられるが、その途中段階の生物の化石が見つからないのである。

昆虫も、鳥も、コウモリも、進化の過程で生物として出現したときには、すでに空を飛んでいた。もしかすると、人間が考えているよりも、空を飛ぶということは難しい進化ではないのかも知れない。

むしろ、地面ばかり見ているのではなく、空というニッチが空いていることに気が付けるかということが大事なのだろう。

②外来種にとってのブルー・オーシャン

海外からの侵入者

「外来生物」や「帰化植物」といった海外からの侵入者が日本の生態系を脅かしている。

海外からやってきた生物が大繁殖する要因の一つとして「天敵解放仮説」が挙げられる。

原産地では、さまざまなライバルもいるし、天敵もいる。他の生物との関係性の中でニッチを獲得している。しかし、新しい土地では、原産地では邪魔な存在であった天敵もライバルもいない。そのため、独壇場となってしまうのだ。

一方の日本の生物は、海外からやってきた見たこともない生物の戦略になす術《すべ》もない。たとえば、北アメリカ原産のセイタカアワダチソウは、根から他の植物の生育を阻害するアレロパシー物質を出す。しかし、原産地では、周りの植物もそんなことは承知の上のお互い様だから、バランスがとられていた。

しかし、日本では、セイタカアワダチソウが出すアレロパシー物質などは経験したことのない物質だったから、日本の植物はみんなやられてしまったのである。

現在では、セイタカアワダチソウが自らのアレロパシー物質で自家中毒を起こしたり、セイタカアワダチソウを追いかけるように、原産地から天敵の虫もやってきてセイタカアワダチソウの勢いは一時ほどのことはない。

ヌートリアやアライグマなどの哺乳類、ブルーギル　ブラックバス、アリゲーターガーなどの魚類、アメリカザリガニやジャンボタニシなど、外来生物の中には私たちの生活や生態系に大きな悪影響をもたらすものも少なくない。

しかし、最初に理解しなければならないのは、海外からやってきた生物のすべてが日本

で成功しているわけではないということだ。

むしろ、日本で成功を収めている外来の生物は少数である。

ほとんどの外来生物は、日本の自然環境になじむことができず、定着できないのだ。

だが、生きのびた外来種にとって、新天地はまさにライバルのいない土地で商売を営むようなブルー・オーシャンなのである。

まずは拠点作り

植物を例にとると、海外から侵入した植物が、日本で成功するためには、一次帰化と二次帰化という二つの段階がある。

じつは、私たちの周りにはたくさんの外来植物があるが、日本にやってくる植物のすべてが外来植物として問題になるわけではない。

むしろ、日本にやってくる植物のほとんどは、日本の環境になじむことができずに消滅してしまう。外来植物として成功を収めているのは、ほんの一握りなのだ。

まず多くの植物は、日本にやってきても、生息できなかったり、花を咲かせることができずに枯れてしまう。これは一次帰化の中でも「仮帰化」と呼ばれる段階で問題視されない。

花を咲かせて種子を作ると、人間にとっては問題となる雑草になる可能性が危惧されるが、植物にとっては、これが日本に進出する最初の一歩となる。

日本にやってきた植物は、貿易港や空港の周辺などで、最初の生息地を確保する。これが一次帰化である。ここが日本進出の拠点となるのである。この拠点のことを「帰化センター」という。

いきなり日本中に広がることができるわけではないのだ。

この帰化センターから各地に広がっていく。こうして、各地に蔓延した状態が二次帰化である。

一次帰化から、いかにして二次帰化という状態になるかが、外来植物にとっては成功の鍵となる。

ハキダメギクは、もともとは南米原産の雑草だが、ヨーロッパに渡ってから世界中に雑草として広がっている。英名の別名は「勇敢な兵士」。ところが、日本での名前は「掃きだめ菊」である。

世田谷区のゴミ捨て場で発見されたことから「掃きだめ」と名付けられた。現在では、日本中のありとあらゆる場所で生えている雑草であるが、そんなハキダメギクでさえも、日本にやってきたばかりのころは、ゴミ捨て場を拠点としてひっそりと咲いていた。そして、ゴミ捨て場を拠点にして、少しずつニッチを広げていったのである。

アップルストアは拠点となる立地にこだわることで知られている。ニューヨークでは五番街、パリではルーブル美術館やオペラ座の近隣が最初の出店場所だった。

日本での一号店は銀座のど真ん中である。大都市の中で注目を浴びる場所を拠点として選んでいる。海外に進出する足がかりとなる、最初の拠点の重要性を知っているのである。

しぼり込んだ拠点

ファブリーズは、もともとアメリカで人気の消臭剤である。

しかし、アメリカのライフスタイルと日本の生活習慣はあまりに違うため、ファブリーズを日本で展開するのは難しいのではないかと見られていた。

アメリカ人は靴を履いたままカーペットの上で過ごし、大型のイヌを室内で飼う。そのため、「布製品の臭い」が問題となる。しかし、靴を脱いで生活をする日本人は「布の臭い」には関心がなかったのである。日本では置き型の消臭剤が一般的であった。

アメリカでは誰もが知る商品も、日本ではまったく無名の存在である。

そこで、ファブリーズのとった戦略が「しぼり込む」ことであった。

ファブリーズの利用場面は多岐に渡る。しかし、ファブリーズは利用場面を限定して紹介した。タバコの臭いや、カーテンについた焼き肉の臭いなど、限られた場面を生み出して、置き型消臭剤との違いを明確にしていった。そして、布用消臭剤というニッチでナンバー1となったのである。

こうして狭いすき間にポジショニングを確保したファブリーズは、帰化センターからニッチの拡大を図っていく。

そして、「臭うのは空気ではなく、布なのだ」ということをアピール。

さらには、菌の増殖を防ぐ、洗えないものを洗う、日本人の清潔好きや洗濯好きの心をつかむようなキャッチフレーズで、今や日本中に広がっている。

まさに、今では日本中のどこにでも見られるハキダメギクと同じだ。

コスモポリタンの戦略

世界のあらゆるところで生息できる動植物はコスモポリタンと呼ばれる。世界には暑いところも寒いところもある。コスモポリタンはこの高温や低温に対する耐性があり、生息可能な温度域が広いということが最低条件になる。

たとえば、日本に侵入してきた生物にとっては、日本の冬を越せるかどうかが、日本に定着するためのターニングポイントになる。

そして、コスモポリタンとして成功できる生物のもう一つの特徴が、「変化できる力が大きい」ということである。

国が違えば、環境は変化する。

そのままで、うまくいくとは限らないのだ。

日本の水田に生息するカブトエビは、もともとは北アメリカの砂漠に暮らす生き物である。砂漠に雨が降ると、一時的にできた水たまりの中で卵が孵《かえ》り、素早く成長して再び卵を残す。この性質を利用して、田んぼに水が入ると一気に活動を始めるのである。高温にも低温にも乾燥にも強いという卵を強みにして、日本の伝統的な環境である田んぼの生き物というニッチを手に入れたのである。

環境の変化もある。

ジャンボタニシの別名で知られるスクミリンゴガイは南米の熱帯地域原産で寒さに弱い。しかし、最近では暖冬の影響で日本でも冬を越せるようになっている。原産地では冬眠をすることなどはないが、日本の田んぼの泥の中という越冬場所を見いだし、もともとの生息地とはまったく異なる日本の田んぼという環境を生息地にしているのである。

じつはスクミリンゴガイは、環境によって成長のパターンを変化させるという能力に優れている。この変わり身の早さで成功しているのである。

日本人になじみの商品にも、もともとは海外から導入された商品もある。

しかし、そのままではうまくいかないことも多く、日本という環境に合わせてアレンジを加えられているものも多い。

日本にやってきた外資系の資本も、成功する事例を見ると、日本という独特な文化に対して、巧みなアレンジを施している。

マクドナルドは、日本に「ファストフード」という今までにない新たなニッチを創り出した。マクドナルドは、日本におけるハンバーガーの先駆けである。しかし、戦後、ハンバーガーはアメリカから日本にもたらされ、マクドナルドが日本に進出する以前にハンバーガーが日本になかったわけではない。

マクドナルドは、アメリカでは車で乗り付ける郊外型のレストランである。マクドナルド本社からは、日本でも交通量の多い郊外に一号店を作るように指示があったが、日本マクドナルド社は、郊外ではなく、最初に銀座の真ん中に出店することにこだわった。日本では東京の銀座が情報の発信基地だったのである。

銀座の一号店は、客席もない小さな持ち帰り専門店であったが、ここを拠点として、マクドナルドは都会を中心に広がっていく。そして、やがて日本中へと広がっていくのである。

ハンバーガーが新しかったのではない。ファストフードが求められていたわけでもない。「都会の街中を食べ歩く」というファッション性が、日本では、新たなニッチだったのである。

東京ディズニーランドは、ディズニーという圧倒的に人気のあるブランドに支えられて成功するのは当然のようにも思えるが、ディズニーのブランド力だけで、日本という国であれほどの成功を収められるわけではない。

東京ディズニーランドは、アメリカのディズニーの精神やディズニーランドのノウハウを継承しながらも、日本の文化にあったテーマパーク作りを行っている。

東京ディズニーランドを運営しているのは、ディズニー社ではなく、ディズニー社とフランチャイズ契約をしているオリエンタルランド社である。フランチャイズ契約をしたのは、ディズニー社が、アメリカ以外ではディズニーランドは受け入れられないのではないかと心配していたからだという。

しかし、東京ディズニーランドは、成功をした。それは日本のおもてなしを強みにしたホスピタリティの高さや、お土産を持って帰るという日本独自のお土産文化を重視したグッズや小分け用のお土産などの物販販売を充実させたことが、日本でのディズニーランドの魅力を高めたのである。そして、本場アメリカのアトラクションをそのまま導入させる一方で、日本の伝統行事である七夕のイベントがあったり、お正月には晴れ着を着たミッキーが登場するなど、日本文化と巧みに融合したエンターテインメントが行われている。

日本から海外への進出

最近では、海外企業の日本進出の脅威ばかりが話題になるが、かつては日本企業が世界の市場に進出していた時代があった。

第二次世界大戦の敗戦によって日本の自動車産業は壊滅的な打撃を受けた。しかも、戦後まもなくはGHQによって自動車生産を禁止されてしまったのである。そんな状況から戦後の自動車産業の復興は始まった。

日本の道路事情の中で進化を遂げてきた軽自動車や小型車は、まさに日本という島国でガラパゴス化した車であった。その小型車が、オイルショックによってガソリン価格が高騰をすると、燃費の良さや、メンテナンス費用が安いという品質の良さで、一気に存在感を増した。そして、小型車という新たなニッチを欲しいままにしたのである。

大排気量エンジンのきらびやかな車が競い合うアメリカの自動車メーカーは、この小型車の進出になす術《すべ》もなかったのである。

同じころ、日本で発明されたカップラーメンもまた、世界中へと広がっていく。しかし、海外では日本のように麺をすするという文化はない。そのため、麺を短くし、フォークで食べるように工夫されたのである。

生き物の世界では、マメコガネという名のコガネムシは、日本から世界に広がった。

マメコガネの名のとおり、日本ではダイズなどのマメ科植物の害虫である。ところが、アメリカに渡ったマメコガネはマメ科の植物ではなく、モモやブドウなどの果樹の葉や、バラの花びらなど庭園の花を食い荒らす。

海外に出たときに、マメ科植物だけを食べるというスペシャリストから、何でも食べますというジェネラリストへと変貌を遂げたのである。

マメコガネは、世界中でジャパニーズ・ビートルと呼ばれて、その傍若無人ぶりが問題になっている。もちろん、人間にとっては、深刻な害虫であるが、生物の世界に視点を移せば、海外に出て成功した生き物ということになるのだろう。

ドミナント戦略

生物はよく群れる。

一つの場所に集まるということは、さまざまなメリットがある。

小さな小魚や、シマウマなど草食動物のような弱い生き物はよく群れる。群れることで天敵には襲われにくくなる。数は力なり、多くの個体が集まっていれば、天敵は近寄りにくいし、もし、一匹が天敵に気がつけば、群れ全体で逃げることもできるのだ。

さらに、群れることによって、自分が襲われるリスクが減るというメリットもある。

たとえ群れが襲われたとしても、たくさんの仲間がいるので、天敵に狙われにくくなるのだ。一匹しかいなければ、狙われるのは、自分だけであるが、群れの中に紛れていれば、その中で自分がターゲットになる確率は低い。これは「希釈《きしゃく》効果」と呼ばれている。

一方、襲う側である天敵は、単独行動をすることが多いが、オオカミやライオン、ハイエナなどの肉食動物は群れを作り、チームで狩りをする。

それだけではない。群れていれば、配偶者を見つけやすいというメリットもある。つまり、群れることによって、効率化が図れるのである。

タンポポたちのドミナント戦略

動物だけではない。植物にも群れる戦略がある。

タンポポも群れる植物である。

タンポポには、昔から日本に自生している日本タンポポと、明治時代以降に日本に帰化した外来の西洋タンポポとがある。

西洋タンポポは群れを作らず、単独で生えることができる。西洋タンポポは、仲間の株がなくても、自分一株だけで種子を作る特殊な能力を持っている。そのため、一株だけで生えることができるのである。

道ばたなどにポツンと一株で咲いているタンポポは、ほぼ間違いなく西洋タンポポである。

一方、日本タンポポは、他の株の花粉を受粉（他家受粉）して種子を作る。

この花粉を運ぶのは、主にアブの仲間である。

アブは、ハチと比較して低い気温で活動をすることができるので、春先に咲く日本タンポポにとって、春の早い時期から活動をするアブは、花粉を運ぶパートナーとして優れているのである。

ところが、アブには問題がある。

ハチの仲間は頭が良いので、花の種類を識別し、同じ種類の花を選んで蜜を集める性質がある。ところが、アブはあまり頭が良くないので、花の種類を識別することができない。タンポポの花粉を菜の花などの他の花に運んでしまったり、他の花の花粉を持って飛んできたりしてしまうのだ。

それでは、どうすればタンポポの花粉を他のタンポポの花に運ぶことができるだろう。

その秘策こそが、集まって咲くことである。アブの仲間は、ハチに比べると飛翔能力も劣る。日本タンポポが集まって咲いていれば、アブがやたらめったらに飛び回っても、タンポポどうしで受粉することができる。

じつは、春に咲く草花の多くが、アブに花粉を運んでもらっているので、それらの植物は群落を作って、群れて咲いている。

春になると、たくさんの花が集まって咲き、お花畑ができるのは、そのためなのだ。

チェーン店などでは、地域を絞って集中的に出店するドミナント戦略という戦略がある。同じ店が集まることによって、商品の配送の効率を高めるとともに、他の企業に対する占有率を高めて独占するのである。

日本タンポポもまさに独占戦略である。

じつは、西洋タンポポと日本タンポポを比較すると、西洋タンポポのほうが繁殖力が優れている。西洋タンポポは小さい種子をたくさん作る。そのため、種子繁殖力が大きいのだ。さらに、小さな種子は飛翔能力に優れ、遠くまで飛んでいく。こうして、西洋タンポポは分布を広げているのだ。

ところが、である。不思議なことに日本タンポポが集まって咲いているところには、西洋タンポポはなかなか進出することができない。

どうやら日本タンポポのドミナント戦略が功を奏しているようだ。

V

生物進化のイノベーション

生物の最初の革命

生物の進化において、革命的な変革が行われた。

現在、地球上に存在しているすべての動物と植物は、この革命的な変化を起こした小さな単細胞生物の子孫である。

この小さな革命を起こした小さな単細胞生物が、後の地球を支配する生物たちの父祖となったのである。

その革命的な変革とは、どのようなものだったのだろうか。

それこそが、「異分野とのコラボレーション」であった。

企業が統合する場合には、同業者で統合する水平統合と、同業ながら違う工程の企業と統合する垂直統合がある。このどちらも企業の規模を大きくしたり、効率化する上では効果的だろう。

しかし、それでは革新的な変革は生まれない。

革新的な変革は、異物を取り込みコラボレーションすることで生まれるのである。その変革が起こったのは、およそ二十二億年前と考えられている。生命誕生がおよそ三十八億年前とされているから、それから十億年以上経った後の出来事である。

異分野とのコラボレーションが生んだ変革

小さな単細胞生物が起こした変革は、自分にはない能力を持つバクテリアを取り込むことであった。そのバクテリアは、酸素呼吸を行ってエネルギーを生み出すことができる。このバクテリアを取り込むことで、単細胞生物は、莫大なエネルギーを手にすることが可能になったのである。一方、単細胞生物に取り込まれることは、このバクテリアにとっても悪い話ではない。大きな単細胞生物の体内に守られていることで、安心して酸素呼吸ができるのである。

このバクテリアは、今では細胞の中のミトコンドリアという器官となっている。ただし、ミトコンドリアは独自のＤＮＡを持ち、まるで独立した生物であるかのように細胞の中で増えたりしている。

現在、地球上に生存しているすべての動物と植物の細胞の中にはミトコンドリアがある。

この変革がなければ、これほどの多様な生き物は生まれ得なかったのである。

ミトコンドリアと共生した後、一部の単細胞生物は太陽の光でエネルギーを生み出す光合成を行うバクテリアを取り込んだ。これが植物の祖先であり、このとき取り込んだバクテリアが植物細胞の中にある葉緑体である。

コラボレーションを可能にしたもの

私たちの祖先となった単細胞生物は、どのようにして酸素呼吸をするバクテリアとのコラボレーションを可能にしたのだろうか。

それこそが、「核」を持つことであった。

細胞の中の核は、生存のための情報を司《つかさど》るＤＮＡを収納し、管理する役割を持っている。

それまでの単細胞生物は、核を持たず、細胞の中にＤＮＡがそのまま存在している状態だった。いわば散らかしている状態である。このように核を持たない生物は原核生物と呼ばれている。原核生物は、現在ではバクテリア（細菌）と呼ばれる生き物である。

これに対して、細胞の中に核を持つ生物は、真核生物と呼ばれている。

真核生物は、核を持つことによってＤＮＡを格納して整理することが可能になった。そして、核を持つことによってより多くのＤＮＡを持つことが可能になったのである。

しかし、メリットはそれだけではなかった。

自分のＤＮＡを核という存在で明確にすることによって、異物である他者のＤＮＡを受け入れることを可能にしたのである。

つまり、自己のコアな部分を明確にすることによって、細胞内にさまざまなものを取り込んだり、さまざまなものを作ることを可能にしたのである。

こうして真核生物は、核の外にミトコンドリアを取り込み、さらにさまざまな小器官を発達させて、複雑な生命活動を行うことを可能にしていった。

「核」を持ち、自分とは何かを明確にすることによって、変革を起こすことが可能になったのである。

そして、この単細胞生物は、後にさまざまな動物や植物、菌類へと進化を遂げていくのである。

競争から共生へ

地球上に生命が生まれた三十八億年前。その当時のことを知る人はいない。

しかし、生命が地球に生まれてまもなく、おそらくは食うか食われるかという殺伐《さつばつ》とした世界が作られていったと考えられている。

単細胞生物は、周りにある栄養源を取り込んでいる。もし、小さな単細胞生物がいれば、それも取り込んで消化してしまう。つまり、食べてしまうのである。大きな単細胞生物は、小さな単細胞生物を食べる。そして、大きな単細胞生物をより大きな単細胞生物が食べる。強い者が弱い者を食う弱肉強食の世界である。

自然界は、生き馬の目を抜くような激しい争いが常に繰り広げられている。そこには、人間の世界のようなルールや法律もなければ、道徳心のかけらもない。生き残るためには、何でもありの厳しい世界なのである。

しかし、その中で、小さな単細胞生物でさえも、小さなバクテリアと助け合う「共生」という戦略を編み出した。そして、「共生」という戦略を実現した真核生物が、現在の地球の覇者となっている。

「競争より共生」

それが、厳しい競争の世界で数十億年を生き抜いてきた生物の戦略なのである。

何がこのような変革をもたらしたのか、その答えはわからない。

しかし、このころ、この変革のきっかけとも考えられている大規模な環境の変化があった。それがスノーボール・アースである。

スノーボール・アースは日本語では「全球凍結」と訳される。スノーボール・アースは文字どおり、地球全体が氷に覆われてしまった状態をいう。大気の温度はマイナス四〇℃にもなり、地球全体が凍結してしまった。現在では考えられないような激しい環境変化が、地球を襲ったのだ。

この全球凍結は、地球上のすべての生命を滅ぼすほどの、大きな環境の変化であったとされている。この大事件の後に、ミトコンドリアを取り込み、共生する道を選んだ真核生物が登場するである。

もしかすると厳しい変化を生き抜くために、能力の異なるものがコラボレーションする「共生」という戦略が生み出されたのかも知れない。

振り返ってみて、単細胞生物が行った変革とは何だったのだろう。

後の生物の進化につながる最初の革命的な変革をもたらしたものは、①核によって自己を明確にすることと、そして、②異能な存在とのコラボレーションだったのである。

おわりに

私はこれまで、植物や生物の戦略に関する本を多く上梓してきた。

私は雑草生態学を専門としている。農業や緑地管理の上で、雑草を管理することは重要な課題である。とはいえ、雑草を相手に日々、研究をする私は、ビジネスの専門家というわけではない。

ところが、不思議なことに私は、企業経営者の集まりや、ビジネスの研究会などで講演をさせていただく機会が多い。私にはビジネスの知識はまるでない。植物や生物の戦略をお話するだけだ。それでも、ビジネスの最先端で活躍している方々が、その話に深くうなずき、そのとおりだと納得してくれる。

ビジネスの戦略と、生物の戦略は、遠いように思えても、じつは成功するために必要なことに大きな違いはない。真理は一つということなのだろう。

本書は、V-COMON株式会社の皆さんや、V-COMONのセミナーを通じて企業の皆さんと議論した内容をまとめたものである。V-COMONの皆さんや、企業の皆さんからは、さまざまなビジネス戦略や企業の事例を教授いただいた。特に、何度も著者の住む静岡までお越しいただき、議論を深めていただいたV‐COMONの嶋内敏博さん、田村義晴さん、佐相秀幸さん、また、議論に参加いただいた企業の皆さんにお礼申し上げます。

これまでもビジネスマン向けの生物の本を書いてきたが、それらは生物の戦略から、ビジネス戦略を暗喩《あんゆ》するものであった。本書は、具体的にビジネス本として生物の戦略を記したものである。慣れないビジネス本の執筆に、担当のPHPエディターズ・グループの見目勝美さんには、多大なご迷惑をお掛けしてしまったが、辛抱強く本書の執筆に寄り添ってくれた。心より謝意を表したい。

二〇二〇年七月

稲垣栄洋

V-COMON株式会社
日本の上場企業と外資系企業の上級役員経験者を中心に約二〇〇名のビジネスエグゼクティブの人脈・経験・知識を総合力として顧客に提供している全く新しい形のビジネス支援企業。特に売上拡大支援サービスと費用削減支援サービスは、様々な分野の企業のビジネスを実践的に支援するサービスとして高く評価されている。
https://www.v-comon.co.jp/

著者紹介

稲垣栄洋（いながき・ひでひろ）

一九六八年静岡県生まれ。静岡大学農学部教授。農学博士、植物学者。農林水産省、静岡県農林技術研究所等を経て、現職。主な著書に『身近な雑草の愉快な生きかた』（ちくま文庫）、『植物の不思議な生き方』（朝日文庫）、『キャベツにだって花が咲く』（光文社新書）、『雑草は踏まれても諦めない』（中公新書ラクレ）、『散歩が楽しくなる雑草手帳』（東京書籍）、『弱者の戦略』（新潮選書）、『面白くて眠れなくなる植物学』『怖くて眠れなくなる植物学』『世界史を大きく動かした植物』『敗者の生命史38億年』（以上、PHPエディターズ・グループ）等多数。

協力：V－COMON 株式会社

Learned from Life History

38億年の生命史に学ぶ生存戦略

二〇二〇年九月十日　第一版第一刷発行

著　者　稲垣栄洋
発行者　清水卓智
発行所　株式会社PHPエディターズ・グループ
〒一三五－〇〇六一　江東区豊洲五－六－五二
☎〇三－六二〇四－二九三一
http://www.peg.co.jp/

発売元　株式会社PHP研究所
東京本部　〒一三五－八一三七　江東区豊洲五－六－五二
普及部　☎〇三－三五二〇－九六三〇
京都本部　〒六〇一－八四一一　京都市南区西九条北ノ内町一一
PHP　INTERFACE　https://www.php.co.jp/

印刷所
製本所　図書印刷株式会社

ISBN978-4-569-84575-3